Bertus Eggen
Norbert Luscher
Martin-Jörg Vogt

Numerische Methoden im CAD

Bertus Eggen
Norbert Luscher
Martin-Jörg Vogt

Numerische Methoden im CAD

Friedr. Vieweg & Sohn Braunschweig / Wiesbaden

Die in diesem Buch veröffentlichte Software wurde mit dem Lattice Entwicklungspaket Lattice C für den Atari ST, Version 3.04, entwickelt.

Lattice ist ein Warenzeichen von Lattice Inc.
UNIX ist ein Warenzeichen der Bell Telephone Laboratories.
Atari ST ist ein Warenzeichen der Atari Corporation.
MS-DOS ist ein eingetragenes Warenzeichen der Microsoft Corporation.

Das in diesem Buch enthaltene Programm-Material ist mit keiner Verpflichtung oder Garantie irgendeiner Art verbunden. Der Autor und der Verlag übernehmen infolgedessen keine Verantwortung und werden keine daraus folgende oder sonstige Haftung übernehmen, die auf irgendeine Art aus der Benutzung dieses Programm-Materials oder Teilen davon entsteht.

Der Verlag Vieweg ist ein Unternehmen der Verlagsgruppe Bertelsmann.

ISBN-13:978-3-528-04691-0 e-ISBN-13:978-3-322-83038-8
DOI: 10.1007/978-3-322-83038-8

Inhaltsverzeichnis

Vorwort

Computer Aided Design (CAD), d.h. rechnerunterstütztes Konstruieren, ist eines der Schlagworte in Verbindung mit Computern. Was steckt hinter den CAD-Systemen, die sich jeder auf einer der einschlägig bekannten Messen vorführen lassen kann?

Das hier vorliegende Buch verbindet theoretisches Wissen aus dem Zweig der Mathematik, der einer der wichtigsten beim Umgang mit Computern für das CAD ist, nämlich die Numerische Mathematik, mit der CAD-orientierten Anwendung, basierend auf der sich immer weiter verbreitenden Programmiersprache C.

Insbesondere werden Probleme und Programme vorgestellt, die im Zusammenhang mit Freiformkurven eine wichtige Rolle spielen. Die Verwendung von Freiformkurven ist die Grundlage in allen CAD-Systemen, die für die Darstellung von z.B. Autokarosserien, Schiffs- und Flugzeugrümpfen, Propellern u.ä. benutzt werden.

Das vorliegende Buch soll dazu dienen, dem Leser einerseits anhand von Implementationen einiger CAD-Algorithmen Erfahrungen insbesondere bei der Benutzung der Bézier- und B-Spline-Technik zu vermitteln und andererseits anzuregen, eigene Ideen in die Praxis umzusetzen.

Monterey/USA, im April 1989

Norbert Luscher

1 Einleitung

1.1 Einige Vorbemerkungen

Die Masse der Fachliteratur, die die mathematischen Methoden im CAD bereitstellt, geht wenig darauf ein, wie diese Verfahren sinnvoll zu implementieren sind. Mit dem vorliegenden Buch soll diese Lücke etwas geschlossen werden, indem Programme und Datenstrukturen, die sich in der Praxis bewährt haben, vorgestellt werden. Außerdem sollen dem Leser die numerischen Methoden der Freiformkurven durch Beispiele nähergebracht und Anregungen für deren Implementation gegeben werden. In der Struktur der vorgestellten Programme wurde viel Spielraum für eigene Ideen gelassen, sodaß der Leser mit den Verfahren experimentieren kann, ohne daß große Änderungen in der Software nötig sind.

Das Buch richtet sich an Studenten der Mathematik, der Informatik und an alle, die mit der Entwicklung von CAD-Systemen zu tun haben. An mathematischen Vorkenntnissen werden lediglich die Grundlagen der Analysis, der linearen Algebra und der Numerik benötigt. Weiterhin sind Kenntnisse der Programmiersprache C erforderlich.

Das vorliegende Buch bezieht sich in großen Teilen auf

W. Boehm, G. Gose, J. Kahmann:
"Methoden der numerischen Mathematik"
VIEWEG 1985

Dieses Buch wird als begleitende Lektüre empfohlen, da hier nicht so sehr auf die theoretischen, sondern mehr auf die praktischen Aspekte eingegangen werden soll.

An dieser Stelle soll noch darauf hingewiesen werden, daß im folgenden die gleiche mathematische Notation benutzt wird wie im oben genannten Buch. Insbesondere werden Vektoren durch kleine, fett gedruckte Buchstaben bezeichnet (z.B. Vektor **a**) und Matrizen durch normal gedruckte Großbuchstaben (z.B. Matrix A).

1.2 Implementation in C

Parallel zum oben genannten Buch ist bereits ein anderes Buch im VIEWEG-Verlag erschienen, in dem die dort beschriebenen Algorithmen in BASIC implementiert wurden ([Kahmann, 1984]). Das vorliegende Buch soll keine Umsetzung dieser BASIC-Implementierungen sein, sondern es soll ein Schwerpunkt auf die Verfahren gelegt werden, die für die Erzeugung und Handhabung von Freiformkurven erforderlich sind. Da auch die Leistungsfähigkeit der Home- und Microcomputer in den letzten Jahren jedoch stark zugenommen hat, sind mittlerweile Implementationen in leistungsfähigeren Programmiersprachen als BASIC auf solchen Rechnern praktikabel geworden.

In der kommerziellen Softwareentwicklung hat sich die Programmiersprache C in der letzten Zeit immer weiter durchsetzen können, da diese Sprache große Maschinennähe und Portabilität miteinander vereint. Weil diese Entwicklung auch im CAD-Bereich festzustellen ist, - es werden sogar bereits vorhandene CAD-Systeme auf C umgestellt - wurden in dem hier vorliegenden Buch die mathematischen Methoden in dieser Sprache implementiert.

Trotz der mittlerweile weiten Verbreitung von C gibt es jedoch noch keine Norm, die einen eindeutigen Standard für C festlegt. Es wurde daher folgendes als Standard zugrunde gelegt:

> Kernighan, B. W./ Ritchie, D. M.:
> "Programmieren in C"
> Hanser 1983

Lediglich in einem Fall weichen die im vorliegenden Buch angegebenen Quelltexte vom Kerninghan/Ritchie ab:

Der Datentyp <void> wird hier als Typ von Funktionen benutzt, die keinen Wert liefern. Diese Vorgehensweise erspart unnötige Casts und wird von den gängigen Compilern unterstützt.

Zur Fehlerbehandlung wird folgende Routine verwendet:

```
void do_error ( caller, called, error )
char    *caller, *called;
int     error;
```

Hiermit kann der Name der aufrufenden und der aufgerufenen Routine z.B. auf dem Ausgabekanal <stderr> zusammen mit einem Fehlertext ausgegeben werden. Die als Fehlernummern verwendeten Konstanten sind in einer Header-Datei geeignet zu definieren.

1. 3 Portabilität

Die im folgenden vorgestellten Programme sind auf einem Atari 1040ST Heimcomputer entwickelt worden. Bis auf die Programmteile, die Interaktionen zum Testen der Routinen ermöglichen, sind die meisten Quelltexte auf andere Rechner übertragen worden. Ohne wesentliche Änderungen laufen die Programme unter UNIX System V und MS-DOS. Parallel zu diesem Buch sind Disketten mit den hier beschriebenen Programmen in einer ATARI ST- und einer MS-DOS-Version erhältlich.

2 Operationen mit Matrizen

Die Grundlage aller in diesem Buch benutzten Programme ist ein Prozedurpaket, das die Erzeugung und Handhabung von Datenfeldern ermöglicht, deren Speicherplatz erst zur Laufzeit des Programmes angefordert wird. Diese Vorgehensweise gewährleistet, daß das Programm wirklich nur soviel Speicherplatz belegt, wie benötigt wird. Von den in der CAD-Softwareentwicklung gebräuchlichen Programmiersprachen ermöglicht nur C eine solche Realisierung, ohne die Übertragbarkeit der Programme einzuschränken. Da die zu verarbeitenden Datenmengen im CAD oft differieren, ist dies ein wichtiger Vorteil dieser Implementation.

2.1 Handhabung von flexiblen Datenfeldern

In C werden genau wie in Pascal die Datenfelder zeilenweise im Speicher abgelegt ("der rechte Index läuft schneller"). Um z. B. den Offset eines Datenelementes bzgl. der Basisadresse eines zweidimensionalen

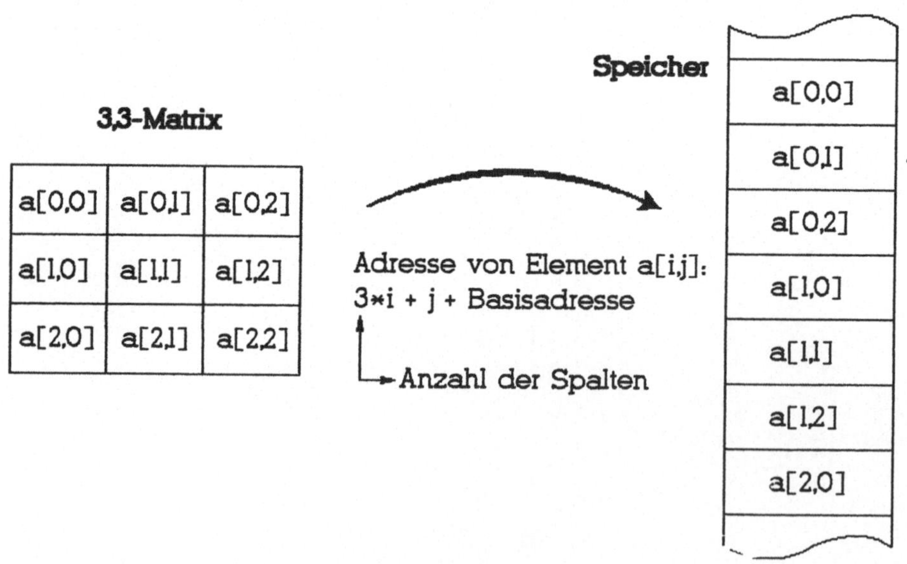

Bild 2-1
Abbildung eines zweidimensionalen Datenfeldes auf den Speicher

Feldes zu berechnen, muß man den ersten Index mit der Anzahl der Elemente in der zweiten Dimension multiplizieren und den zweiten Index dazu addieren. Dabei ist zu berücksichtigen, daß die Indizes in C immer mit Null beginnen.

Bei der Handhabung der flexiblen Felder wurde die gleiche Speicherorganisation gewählt, damit beide Datentypen miteinander verträglich sind. Da in der Numerik des CAD sehr viel mit Matrizen, also zweidimensionalen Datenfeldern, gearbeitet wird, wurde folgende Struktur definiert :

```
typedef struct
{
  int    z, s;
  double* elem;
} MATRIX;
```

Dabei geben die Komponenten <z> und <s> die Anzahl der Zeilen bzw. der Spalten der Matrix an. Die Komponente <elem> ist der Zeiger auf das erste Element des Datenfeldes, also die oben erwähnte Basisadresse. Es wurde dabei der Datentyp <double> gewählt, da für einige Anwendungen die Genauigkeit des Typs <float> nicht ausreicht, obwohl an dieser Stelle prinzipiell jeder beliebige Datentyp stehen kann.

Quelltext 2-1

```
/*-----------------------------------------------------*/

/*
   anfordern des speicherplatzes einer struktur MATRIX und
   belegung der feldgrenzen

   eingabe :  mat        zeiger auf <MATRIX>
              n,m        anzahl der zeilen bzw. spalten
                         der matrix
*/

void decl_mat ( mat, n, m )
MATRIX *mat;
int    n, m;
{
  mat->elem = (double *) calloc ( n * m, sizeof (double) );
```

```
18   if ( mat->elem == 0L )
19   {
20     printf ( "\nDECL_MAT : Fataler Fehler ---> KEIN SPEICHER MEHR\n" );
21     printf ( "Matrixformat : %d %d\n", n, m );
22     exit (1);
23   }
24   mat->z = n;
25   mat->s = m;
26 }
```

Einer solchen Struktur muß am Anfang Speicherplatz genügender Größe vom Betriebssystem des Rechners zugewiesen werden. Die Funktion <decl_mat> (Quelltext 2-1) fordert bei Vorgabe der Matrixgröße den entsprechenden Speicher vom Betriebsystem an (Zeile 17). Ist dies erfolgreich verlaufen, werden die Feldgrenzen an die Struktur übergeben.

Quelltext 2-2

```
/*-----------------------------------------------------------*/

/*
   indizierung eines elementes einer struktur MATRIX

   eingabe :  m          zeiger auf <MATRIX>
              i,j        indizes des gesuchten elementes

   rueckgabe :  zeiger auf gesuchtes element
*/

double *elem ( m, i, j )
MATRIX   *m;
int   i, j;
{
/*  abfrage der index- grenzen  */
  if ( i < 0 || i >= m->z || j < 0 || j >= m->s )
  {
    printf ( "\nFATALER FEHLER: Nicht erlaubte Matrix- Indizierung !\n" );
    printf ( "Matrixformat : %d %d\n", m->z, m->s );
    printf ( "Indizes      : %d %d", i, j );
    exit ( 2 );
  }
  return ( ( double * ) ( m->elem + i * m->s + j ) );
}
```

Schlägt das Anfordern fehl (<calloc> liefert einen Nullzeiger), wird das laufende Programm durch <exit> abgebrochen, da in den allermeisten Fällen eine weitere Abarbeitung sinnlos ist.

Für den Zugriff auf ein derart bereitgestelltes Feld wurde die Funktion <elem> (Quelltext 2-2) implementiert. Werden die Indizes des gesuchten Elementes vorgegeben, liefert die Routine einen Zeiger auf die geforderte Speicherstelle.

Eine Untersuchung der aus dieser Funktion erzeugten Maschinenbefehle hat ergeben, daß die meisten Compiler den gleichen Code erzeugen, wie der einer normalen Indizierung eines standardmäßig üblichen C-Feldes. Wenn man von der Indexüberprüfung (Zeile 62) absieht, ergeben sich also kaum Geschwindigkeitsverluste.

Werden falsche Indizes an die Funktion übergeben, wird die Anwendung wie bei der Funktion <decl_mat> durch einen Aufruf von <exit> abgebrochen, nachdem Informationen über aktuelle Feldgrenzen und Indizes ausgegeben wurden.

Wird das Feld nicht mehr benötigt, spätestens aber vor Beendigung des Programmlaufes, muß der durch <decl_mat> angeforderte Speicher wieder freigegeben werden. Quelltext 2-3 zeigt die dazu nötige Funktion <free_mat>.

Quelltext 2-3

```
/*-------------------------------------------------------*/

/*
   freigabe des speicherplatzes einer struktur MATRIX

   eingabe :  mat        zeiger auf <MATRIX>
*/

void free_mat ( mat )
MATRIX *mat;
{
/*  <z> und <s> werden auf -1 gesetzt, um eine fehlermeldung zu
     forcieren, wenn nach rueckgabe auf die matrix zugegriffen wird  */
   mat->z = -1;
   mat->s = -1;
   free ( mat->elem );
}
```

2.2 Elementare Operationen

Die in Abschnitt 2.2 vorgestellten Funktionen dienten lediglich dazu, den für die Matrixoperationen benötigten Speicherplatz anzufordern, anzusprechen und nach der Benutzung wieder freizugeben.

Die in diesem Abschnitt beschriebenen Unterprogramme ermöglichen das Ausführen von häufig benötigten Operationen mit Matrizen.

Neben dem Invertieren von Matrizen bzw. dem Lösen der korrespondierenden linearen Gleichungssysteme dürfte die Multiplikation von Matrizen die am meisten benutzte Operation sein. Beim Berechnen von Hand wird im allgemeinen das bekannte Falk-Schema benutzt.

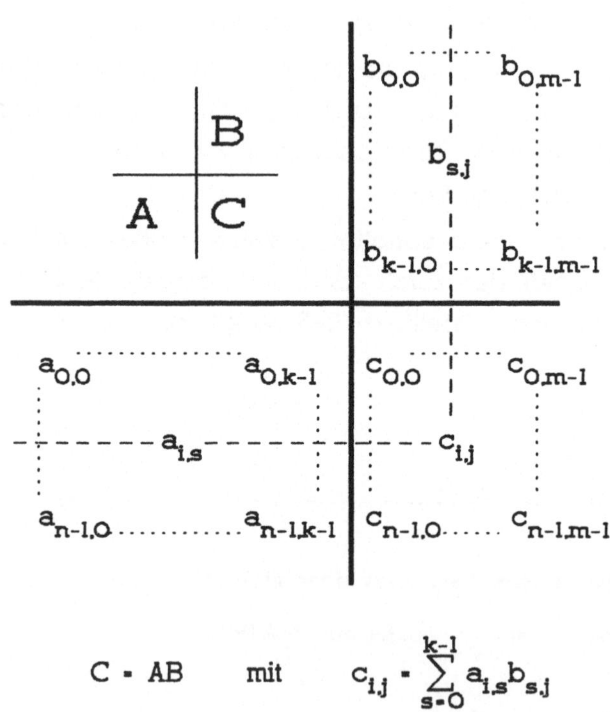

$$C = AB \qquad \text{mit} \qquad c_{i,j} = \sum_{s=0}^{k-1} a_{i,s} b_{s,j}$$

Bild 2-2

Multiplikation von Matrizen im Schema von Falk

Dieses Schema hat den Vorteil, daß die Blockschreibweise sofort ersehen läßt, ob zwei Matrizen miteinander multiplizierbar sind. Außerdem läßt sich der Lauf des Summationsindizes übersichtlich verfolgen. In Bild 2-2 ist die Multiplikation einer n,k-Matrix A mit einer k,m-Matrix B schematisch dargestellt. In diesem Bild ist wieder zu beachten, daß die Indizes wegen der Implementation in C bei Null beginnen und nicht, wie in der Mathematik allgemein üblich, bei Eins.

Quelltext 2-4

```
/*-------------------------------------------------------*/

/*
   berechnen des matrix-produktes   a*b = c

   eingabe :  a, b, c         zeiger auf <MATRIX>

   rueckgabe : fehlercode
               KOMP_ERR => matrizenformate nicht kompatibel
*/

int mult_mat ( a, b, c )
MATRIX   *a, *b, *c;
{
  register int  i, j, s, error;
  double   summe;

/*  abfrage der matrix- formate  */
  if ( a->s == b->z && a->z == c->z && b->s == c->s )
  {
  /*  die indizes <i,j> bezeichnen ein element der ergebnis-matrix  */
    for ( i= 0; i < c->z; i++ )
      for ( j= 0; j < c->s; j++ )
      {
        summe = 0;
        for ( s= 0; s < a->s; s++ )
          summe += *elem ( a, i, s ) * *elem ( b, s, j );
        *elem ( c, i, j ) = summe;
      }
    error = 0;
  }
  else
  /*  fehlermeldung  */
    error = KOMP_ERR;
  return ( error );
}
```

Mit der Funktion <mult_mat> (Quelltext 2-4) wurde dieses Schema direkt umgesetzt.

Quelltext 2-5

```
/*------------------------------------------------------*/

/*
   aus der quellmatrix <q> wird die untermatrix <u> herauskopiert,
   q(iq,jq) wird nach u(0,0) kopiert

   eingabe :  q, u          zeiger auf <MATRIX>
              iq, jq        index des linken, oberen elementes
                            der untermatrix
   rueckgabe :  fehlercode
                KOMP_ERR => matrizen nicht kompatibel
*/

int get_slice ( q, u, iq, jq )
MATRIX    *q, *u;
int   iq, jq;
{
  register int   i, j, error;

/*  abfrage auf kompatibilitaet der matrizen  */
  if ( u->z + iq <= q->z && u->s + jq <= q->s )
  {
  /*  i, j sind die indizes der untermatrix  */
    for ( i= 0; i < u->z; i++ )
      for ( j= 0; j < u->s; j++ )
        *elem ( u, i, j ) = *elem ( q, iq + i, jq + j );
    error = 0;
  }
  else
    error = KOMP_ERR;
  return ( error );
}
```

Für die im weiteren Verlauf dieses Buches beschriebenen Algorithmen werden Funktionen benötigt, die Teile von Matrizen ansprechen. Zu diesem Zweck wurden die Unterprogramme <get_slice> (Quelltext 2-5) und <put_slice> (Quelltext 2-6) implementiert. Sie ermöglichen das Herauskopieren und Hineinschreiben von Untermatrizen.

Bild 2-3 veranschaulicht die Arbeitsweise der Funktion <get_slice>. Die Eingabeparameter <q> und <u> sind Zeiger auf zwei Strukturen MATRIX. Von der aktuellen Größe der Matrix <u> hängt ab, wieviele Elemente aus der Matrix <q> herauskopiert werden. Die Indizes <i> und <j> bestimmen, welche Elemente kopiert werden.

Ist die Untermatrix größer als die Quellmatrix wird mit einem Fehlercode abgebrochen.

Analog hierzu arbeitet die Funktion <put_slice>. Die Rollen der Ziel- bzw. der Quellmatrix sind lediglich vertauscht.

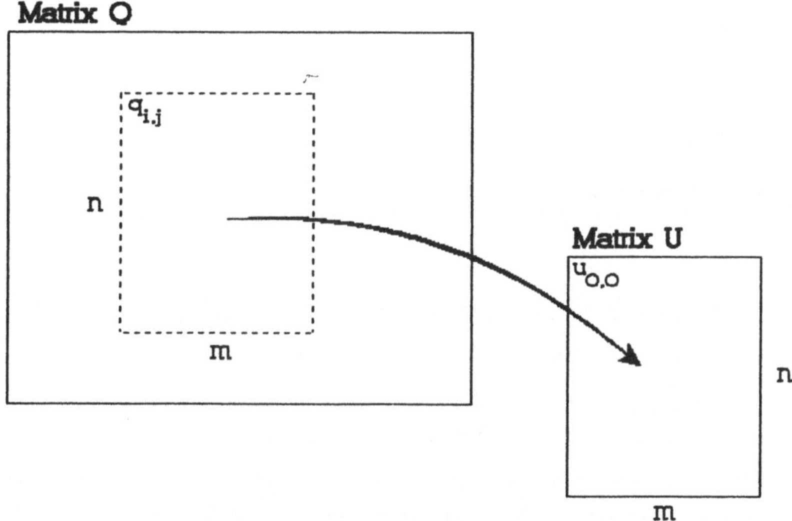

Bild 2-3
Mit <get_slice> wird die n,m-Untermatrix U aus der Quellmatrix Q herauskopiert. Die Indizes i und j geben die linke, obere Ecke der zu kopierenden Untermatrix an.

Quelltext 2-6

```
/*--------------------------------------------------------*/

/*
   in die zielmatrix <z> wird die quellmatrix <q> hineinkopiert
   q(0,0) wird nach z(iz,jz) kopiert

   eingabe :  q, z        zeiger auf <MATRIX>
              iz, jz      indizes innerhalb der zielmatrix

   rueckgabe :  fehlercode
                KOMP_ERR => matrizen nicht kompatibel
*/
int put_slice ( q, z, iz, jz )
```

```
MATRIX    *z, *q;
int   iz, jz;
{
  register int   i, j, error;

/*  matrix- formate auf kompatibilitaet pruefen  */
  if ( z->z >= q->z + iz && z->s >= q->s + jz )
  {
  /*  i, j sind die indizes der quellmatrix  */
    for ( i= 0; i < q->z; i++ )
      for ( j= 0; j < q->s; j++ )
        *elem ( z, iz + i, jz + j ) = *elem ( q, i, j );
    error = 0;
  }
  else
    error = KOMP_ERR;
  return ( error );
}
```

Die beiden letztgenannten Routinen und einige der folgenden lassen sich effizienter implementieren, wenn nicht einzelne Elemente durch Aufruf der Funktion <elem> kopiert werden, sondern wenn ganze Speicherbereiche durch eine "Memory Copy"-Funktion (z.B. <memcpy> unter UNIX) übertragen werden. Das wurde vermieden, da eine solche Funktion nach unseren Informationen nicht zum zukünftigen ANSI-Standard für C gehören wird und die hier vorgestellte Software daher an Portabilität verlieren würde. Bei zeitkritischen Problemen lassen sich die Routinen jedoch leicht an die Gegebenheiten anpassen.

Es wurde noch eine Reihe weiterer Funktionen implementiert, die sich in der Anwendung als nützlich erwiesen haben. Es ist wenig sinnvoll, alle im Detail zu beschreiben, da die meisten Quelltexte sich von selbst erklären.

Statt dessen folgt jetzt eine Aufzählung dieser Routinen mit jeweiliger Kurzbeschreibung gefolgt von den dazugehörenden Quelltexten:

<transp_mat> (Quelltext 2-7)

Transponieren einer Matrix

<output_mat> (Quelltext 2-8)

formatierte Ausgabe einer Matrix nach <stdout>

<clear_mat> (Quelltext 2-9)

Löschen einer Matrix

<unit_mat> (Quelltext 2-10)

Erzeugen von Einsen auf der Hauptdiagonalen

<hilbert_mat> (Quelltext 2-11)

Die Elemente der Eingabematrix werden folgendermaßen belegt:

$$a_{i,j} = \frac{1}{i+j+1}$$

Das Ergebnis ist eine symmetrische Matrix, die in der ersten Zeile die ersten Glieder der harmonischen Folge enthält. Zeile 2 enthält die gleiche Folge beginnend mit Glied zwei, Zeile 3 beginnt mit Glied drei usw. Diese Matrix heißt Hilbert-Matrix und hat die interessante Eigenschaft, daß die Zeilen bzw. Spalten mit steigendem Index immer linear abhängiger werden. Eine solche Matrix kann als Testproblem für Algorithmen zum Invertieren von Matrizen dienen.

Nimmt man den Vektor $\mathbf{z}$ der Zeilensummen dazu, hat man ein Testproblem beim Lösen linearer Gleichungssysteme:

$$A\mathbf{x} = \mathbf{z}$$

Die Lösung $\mathbf{x}$ dieses Systems ist ein Vektor, der lauter Einsen enthält.

<abstand> (Quelltext 2-12)

Diese Funktion berechnet den euklidischen Abstand zweier Vektoren.

Quelltext 2-7

```
/*----------------------------------------------------*/

/*
    transponieren der matrix <m>; das ergebniss wird in <t>
    abgelegt

   eingabe : m, t             zeiger auf <MATRIX>

   rueckgabe : fehlercode
               KOMP_ERR => matrizen nicht kompatibel
*/

int transp_mat ( m, t )
MATRIX    *m, *t;
{
  register int    i, j, error;

/*   formate testen   */
  if ( m->z == t->s && m->s == t->z )
  {
  /*  (i,j) sind indizes der quellmatrix   */
    for ( i= 0; i < m->z; i++ )
      for ( j= 0; j < m->s; j++ )
        *elem ( t, j, i ) = *elem ( m, i, j );
    error = 0;
  }
  else
    error = KOMP_ERR;
  return ( error );
}
```

Quelltext 2-8

```
/*----------------------------------------------------*/

/*
   ausgabe einer matrix nach stdout

   eingabe : m           zeiger auf <MATRIX>
*/

void output_mat ( m )
MATRIX *m;
{
  register int  i, j, l;
  char             fmt[10];
  double           dummy, maximum = 0.0;

/*  suche des betragsgroessten elementes in der matrix  */
  for ( i = 0; i < m->z; i++ )
```

```
    for ( j = 0; j < m->s; j++ )
    {
      dummy = fabs ( *elem ( m, i, j ) );
      if ( dummy > maximum )
        maximum = dummy;
    }

/*  erstellen des formatstrings zur ausgabe eines einzelnen elementes  */
  l = ( int ) log10 ( maximum );
  sprintf ( fmt, "%%%2d.10f", l + 14 );

/*  ausgabe der matrix nach <stdout>  */
  printf ("\n");
  for (i=0; i<(m->z); i++)
  {
    for (j=0; j<(m->s); j++)
      printf ( fmt, *elem ( m, i, j ) );
    printf ( "\n" );
  }
  printf ("\n");
}
```

Quelltext 2-9

```
/*------------------------------------------------------*/

/*
   fuellen einer matrix mit nullen

   eingabe :  m          zeiger auf <MATRIX>
*/

void clear_mat ( m )
MATRIX   *m;
{
  register int   i, j;

  for ( i= 0; i < m->z; i++ )
    for ( j= 0; j < m->s; j++ )
      *elem ( m, i, j ) = 0.0;
}
```

Quelltext 2-10

```
/*------------------------------------------------------*/

/*
   erzeugen von einsen auf der hauptdiagonalen

   eingabe :  m          zeiger auf <MATRIX>
```

```
*/

void unit_mat ( m )
MATRIX    *m;
{
  register int   i;

  for ( i= 0; i < ( ( m->z < m->s ) ? m->z : m->s ); i++ )
     *elem ( m, i, i ) = 1.0;
}
```

Quelltext 2-11

```
/*--------------------------------------------------------*/

/*
    erzeugen einer hilbert-matrix in <m> und des
    zeilensummen-vektors in spalte 0 von <v>

    eingabe :  m, v           zeiger auf <MATRIX>
*/

void hilbert_mat ( m, v )
MATRIX    *m, *v;
{
  register int   i, j;
  double   summe;

  for ( i= 0; i < m->z; i++ )
  {
    summe = 0;
    for ( j= 0; j < m->s; j++ )
    {
      *elem ( m, i, j ) = 1.0 / ( double ) ( i + j + 1 );
      summe += *elem ( m, i, j );
    }
    *elem ( v, i, 0 ) = summe;
  }
}
```

Quelltext 2-12

```
/*--------------------------------------------------------*/

/*
   berechnen des euklidischen abstandes zweier vektoren

   eingabe :  a, b           zeiger auf <MATRIX>

```

```
    rueckgabe :   abstand der vektoren
*/

double abstand ( a, b )
MATRIX    *a, *b;
{
   register int    i, minimum;
  double           diff;

   minimum = min ( a->z, b->z );

   for ( diff = 0.0, i = 0; i < minimum; i++ )
     diff += sqr ( *elem ( a, i, 0 ) - *elem ( b, i, 0 ) );

   return ( sqrt ( diff ) );
}
```

3 Lineare Gleichungssysteme

Eine der häufigsten Problemstellungen im CAD ist das Lösen von linearen Gleichungssystemen. Ein einfaches Beispiel für ein solches System sei hier angegeben:

$$\begin{aligned} 2x_1 + 2x_2 \quad\quad &= 6 \\ x_1 + x_2 + 2x_3 &= 9 \\ 2x_1 + x_2 + x_3 &= 9 \end{aligned} \tag{3.1}$$

Diese Gleichungen faßt man sinnvollerweise in Matrizenschreibweise zusammen:

$$\begin{bmatrix} 2 & 2 & 0 \\ 1 & 1 & 2 \\ 2 & 1 & 1 \end{bmatrix} \begin{bmatrix} x_1 \\ x_2 \\ x_3 \end{bmatrix} = \begin{bmatrix} 6 \\ 9 \\ 9 \end{bmatrix} \quad \text{bzw.} \tag{3.2}$$

$$A \quad \mathbf{x} = \mathbf{a}$$

Zur Bearbeitung mit den meisten Algorithmen wird die Koeffizientenmatrix A mit der rechten Seite **a** des Gleichungssystems gerändert, um eine Arbeitsmatrix [A, **a**] bereitzustellen.

Einer der bekanntesten Algorithmen zum Lösen solcher Systeme ist der Gauß-Algorithmus. In der Anwendung treten jedoch oft Probleme auf, die auf Systeme führen, die spezielle Koeffizientenmatrizen aufweisen, so daß es sinnvoll wird, besondere Eigenschaften dieser Matrizen auszunutzen.

In den folgenden Abschnitten werden einige Verfahren vorgestellt, die für spezielle lineare Gleichungssysteme mit quadratischen Koeffizientenmatrizen ausgelegt sind.

3. 1 Rückwärtseinsetzen

Das System 3.1 läßt sich durch Umformungen (z.B. mit dem Gauß-Algorithmus) in folgendes äquivalentes Gleichungssystem überführen:

$$\begin{aligned} 2x_1 + 2x_2 \quad\quad &= 6 \\ - x_2 + 2x_3 &= 1 \\ 2x_3 &= 6 \end{aligned} \tag{3.3}$$

Aus der letzten Gleichung läßt sich x_3 durch eine einfache Division bestimmen. Durch Einsetzen von x_3 in die vorletzte Gleichung läßt sich x_2 bestimmen usw.

Dieses Verfahren heißt Rückwärtseinsetzen und läßt sich im Schema von Falk auch per Hand einfach durchführen.

Die Matrizenschreibweise läßt die Dreiecksgestalt der Koeffizientenmatrix des Systems 3.3 besser erkennen:

$$\begin{bmatrix} 2 & 2 & 0 \\ 0 & -1 & 1 \\ 0 & 0 & 2 \end{bmatrix} \begin{bmatrix} x_1 \\ x_2 \\ x_3 \end{bmatrix} = \begin{bmatrix} 6 \\ 1 \\ 6 \end{bmatrix} \quad \text{bzw.} \qquad (3.4)$$

$$R \quad \mathbf{x} = \mathbf{b}$$

Diese Methode versagt, wenn ein Diagonalelement von R verschwindet, d.h. wenn R singulär ist, da sich die betroffene Gleichung dann nicht mehr auflösen läßt.

Mit Quelltext 3-1 wurde das Rückwärtseinsetzen implementiert.

Die Schleife mit der Laufvariablen l (Zeile 25 bis 44) ermöglicht das Lösen mehrerer solcher Gleichungssysteme, wenn sie die gleiche Koeffizientenmatrix besitzen. Die Abfrage in Zeile 35 verhindert ein Teilen durch Null, wenn die Eingabematrix nicht regulär ist. Da Rechenanlagen den Wert Null nicht exakt darstellen, wird ein Unterschreiten einer je nach benutzter Fließkommadarstellung festzulegenden Schranke abgetestet.

Analog zum Rückwärtseinsetzen funktioniert das Vorwärtseinsetzen. Auch hiermit werden Gleichungssysteme mit Dreiecksmatrizen gelöst. Der Unterschied besteht darin, daß die Koeffizientenmatrix oberhalb der Hauptdiagonalen nur Nullen enthalten darf. Entsprechend wird das Ergebnis aus der ersten Gleichung in die zweite eingesetzt usw.

Diese Methode wurde mit Quelltext 3-2 in C umgesetzt.

Quelltext 3-1

```
/*-------------------------------------------------------------*/

/*
    loesen des LGS   Rx = b   durch rueckwaertseinsetzen

    eingaben :  r   rechte, obere dreiecksmatrix
                b   rechte seite des LGS

    ausgaben :  x   loesung des LGS

    rueckgabe :  fehlercode
                 SING_ERR => matrix <r> ist singulaer
*/

int rueckw_lgs ( r, b, x )
MATRIX    *r, *b, *x;
{
  double          dummy;
  register int    i, k, l, error;

  error = 0;

/*  schleife ueber alle rechten seiten  */
  for ( l= 0; l < b->s; l++ )
  {
  /*  rueckwaerts- schleife ueber alle zeilen von <r>  */
    for ( k= r->z - 1; k >= 0; k-- )
    {
      dummy = *elem ( b, k, l );
      for ( i= k + 1; i < r->z; i++ )
        dummy -= *elem ( r, k, i ) * *elem ( x, i, l );

    /*  abfrage, ob diagonal element null ist  */
      if ( abs ( *elem ( r, k, k ) ) > EPS )
        *elem ( x, k, l ) = dummy / *elem ( r, k, k );
      else
      {
      /*  fehlercode setzen und schleife abbrechen  */
        error = SING_ERR;
        goto error_out;
      }
    }
  }
error_out:
  return ( error );
}
```

Quelltext 3-2

```
/*------------------------------------------------------------------*/

/*
    loesen des LGS   Lx = b   durch vorwaertseinsetzen

    eingaben :   l   linke, untere dreiecksmatrix
                 b   rechte seite des LGS

    ausgaben :   x   loesung des LGS

    rueckgabe :   fehlercode
                  SING_ERR => matrix <l> ist singulaer
*/

int vorw_lgs ( l, b, x )
MATRIX *l, *b, *x;
{
  double          dummy;
  register int    error = 0, i, k, n;

/*  schleife ueber alle rechten seiten des LGS  */
  for ( n = 0; n < b->s; n++ )
  {
    for ( k = 0; k < l->z; k++ )
    {
      dummy = *elem ( b, k, n );
      for ( i = 0; i < k-1; i++ )
        dummy -= ( *elem ( l, k, i ) * *elem ( x, i, n ) );

      if ( fabs ( *elem ( l, k, k )) < EPS )
      {
        error = SING_ERR;
        goto error_out;
      }
      *elem ( x, k, n ) = dummy / *elem ( l, k, k );
    }
  }

 error_out:
  return ( error );
}
```

3.2 LR-Zerlegung

Da zur Lösung von Gleichungssystemen mit dreieckigen Koeffizientenmatrizen effiziente Algorithmen zur Verfügung stehen, bietet es sich an, Methoden zu suchen, allgemeine Matrizen auf Dreiecksmatrizen zurückzuführen. Der Ansatz, eine Matrix als Produkt zweier Dreiecksmatrizen darzustellen, führt unter anderem auf die sogenannte LR-Zerlegung.

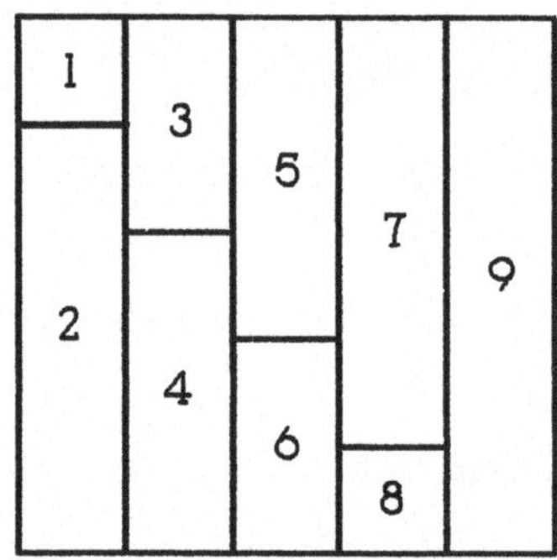

Bild 3-1
Parkettierung nach Banachiewicz

Dieser Zerlegungsalgorithmus bestimmt zwei Matrizen L und R, deren Produkt die Ausgangsmatrix PA ist:

$$LR = PA$$

Dabei ist L eine linke untere Dreiecksmatrix, die auf der Hauptdiagonalen nur Einsen enthält. R ist eine rechte obere Dreiecksmatrix. Die Matrix P bewirkt Zeilenvertauschungen in A und geht durch die entsprechenden Vertauschungen aus der Einheitsmatrix E hervor. Der Einfachheit halber sei zunächst erstmal P = E, d.h es sind keine Zeilenvertauschungen in A für die LR-Zerlegung nötig.

Im Schema von Falk lassen sich die Matrizen L und R leicht von Hand bestimmen. Die Elemente $a_{i,j}$ stellen jeweils das Skalarprodukt der Zeile i von L und der Spalte j von R dar. Hält man, ausgehend von der Matrix A, das Schema ein, das in Bild 3-1 dargestellt ist, so bekommt man der Reihe nach Gleichungen folgender Art:

$$a_{i,j} = \sum_{s=0}^{n-1} l_{i,s} r_{s,j}$$

Diese Gleichungen enthalten dann jeweils nur ein unbekanntes Element aus L bzw. R, und lassen sich somit ohne großen Aufwand nach dieser Variablen auflösen.

Diese Vorgehensweise versagt, falls ein Diagonalement $r_{k,k}$ verschwindet, da sich dann die betreffende Gleichung nicht mehr auflösen läßt, d. h. P ist in einem solchen Fall nicht mit der Einheitsmatrix identisch. In diesem Fall ist es nötig, eine sogenannte Pivotsuche durchzuführen. Dazu berechnet man in der aktuellen Spalte alle möglichen $r_{i,k}$ und bestimmt das betragsgrößte Element $r_{s,k}$ davon. Danach werden in den Matrizen L, R und A die Zeilen s und i getauscht und der Algorithmus kann wie vorher weitergeführt werden.

Mithilfe einer solchen Zerlegung kann jetzt ein lineares Gleichungssystem auf zwei Systeme zurückgeführt werden, deren Koeffizientenmatrizen dreieckig sind:

$$A\mathbf{x} = \mathbf{a} \quad \Leftrightarrow$$

$$LR\mathbf{x} = \mathbf{a}, \quad \mathbf{b} := R\mathbf{x}$$

$$L\mathbf{b} = \mathbf{a}$$

$$R\mathbf{x} = \mathbf{b}$$

Zur Lösung des Ausgangssystems bestimmt man zuerst **b** durch Vorwärtseinsetzen und dann **x** durch Rückwärtseinsetzen. Dabei ist zu beachten, daß in **a** ggf. die gleichen Zeilen vertauscht werden müssen wie in A, L und R während der Zerlegung.

Der oben beschriebene Zerlegungsalgorithmus wurde einmal ohne (Funktion <lr_fact>, Quelltext 3-3) und einmal mit Pivotsuche (Funktion <lr_factpiv>, Quelltext 3-4) implementiert.

Bei Aufruf der Funktion <lr_factpiv> besteht die Möglichkeit, die rechte Seite (bzw. mehrere rechte Seiten) des Gleichungssystems mit an das Unterprogramm zu übergeben, indem die Eingabematrix mit den rechten Seiten geränderi wird. Mit der Funktion <put_slice> (s.o.) läßt sich eine solche Arbeitsmatrix komfortabel erstellen. Nach Rückkehr aus der Routine sind in der Arbeitsmatrix die nötigen Zeilenvertauschungen vorgenommen worden. Mit <get_slice> kann dann eine Aufspaltung in die ursprünglichen Teile durchgeführt werden, um die Ergebnisse weiterzuverarbeiten.

Quelltext 3-3

```
/*-------------------------------------------------------------*/

/*
    zerlegung einer matrix <a> in zwei dreiecksmatrizen <l>
    und <r> mit

            l * r = a

    dabei ist <l> eine linke untere und <r> eine rechte obere
    dreiecksmatrix.

    eingabe :   a   quadratische matrix

    ausgaben :  l,r   lr-zerlegung von <a>

    rueckgabe :   fehlercode
                  NOFACT_ERR => zerlegung nicht moeglich
*/

int lr_fact ( a, l, r )
MATRIX    *a, *l, *r;
{
  register int   k, i, j, error = 0;
  double          dummy, diagon;

/*  matrizen <l> und <r> loeschen; einsen auf der hauptdiagonalen
    von <l> erzeugen  */
  clear_mat ( l );
  clear_mat ( r );
  unit_mat ( l );

/*  die schleifen ueber <k> und <i> beschreiben eine parkettierung
    der matrix <a> nach banachiewicz; <k> laeuft ueber alle spalten
    von <a>  */
  for ( k = 0; k < a->s; k++ )
  {
    for ( i = 0; i <= k; i++ )
    {
    /*  elemente von <r> bestimmen  */
      dummy = *elem ( a, i, k );
      for ( j = 0; j < i; j++ )
        dummy -= *elem ( l, i, j ) * *elem ( r, j, k );
      *elem ( r, i, k ) = dummy;
    }
    diagon = *elem ( r, k, k );
    if ( fabs ( diagon ) < EPS )
```

```
      {
         error = NOFACT_ERR;
         goto err_out;
      }
      else
      {
         for ( i = k+1; i < a->z; i++ )
         {
         /*  elemente von <l> bestimmen  */
            dummy = *elem ( a, i, k );
            for ( j = 0; j < k; j++ )
               dummy -= *elem ( l, i, j ) * *elem ( r, j, k );
            *elem ( l, i, k ) = dummy / diagon;
         }
      }
   }

err_out:
   return ( error );
}
```

Quelltext 3-4

```
/*-------------------------------------------------------------*/

/*
   zerlegung einer matrix <a> in zwei dreiecksmatrizen <l>
   und <r> mit

            l * r = a

   dabei ist <l> eine linke untere und <r> eine rechte obere
   dreiecksmatrix. die zerlegung erfolgt mit pivot-suche.

   eingabe :   a   quadratische matrix mit rechten seiten eines
                   LGS geraendert
               n   anzahl der rechten seiten

   ausgaben :  a      permutierte eingabematrix
               l,r    lr-zerlegung von <a>

   rueckgabe :  fehlercode
                NOFACT_ERR => zerlegung nicht moeglich
*/

int lr_factpiv ( a, n, l, r )
MATRIX    *a, *l, *r;
int       n;
{
   register int   k, i, j, s, error = 0, spalten;
   double         dummy1, dummy2, diagon;

```

```
    spalten = a->s - n;

 /*  die schleifen ueber <k> und <i> beschreiben eine parkettierung
     der matrix <a> nach banachiewicz, <k> laeuft ueber alle spalten
     von <a>  */
  for ( k = 0; k < spalten; k++ )
  {
    for ( i = 0; i < k; i++ )
    {
    /*  elemente von <r> bestimmen  */
      dummy1 = *elem ( a, i, k );
      for ( j = 0; j < i; j++ )
        dummy1 -= *elem ( l, i, j ) * *elem ( r, j, k );
     *elem ( r, i, k ) = dummy1;
    }
   /*  lr-pivotsuche:
       zuerst alle moeglichen r(i,k) bestimmen...  */
    for ( i = k; i < spalten; i++ )
    {
      dummy1 = *elem ( a, i, k );
      for ( j = 0; j < k; j++ )
        dummy1 -= *elem ( l, i, j ) * *elem ( r, j, k );
      *elem ( r, i, k ) = dummy1;
    }

   /*  ...dann suche des betragsgroessten r(s,k), s >= k  */
    dummy1 = fabs ( *elem ( r, k, k ) );
    s = k;
    for ( i = k+1; i < spalten; i++ )
    {
      dummy2 = fabs ( *elem ( r, i, k ) );
      if ( dummy2 > dummy1 )
        s = i;
      dummy1 = dummy2;
    }

   /*  zeile s mit zeile k in <l>, <r> und <a> tauschen, wenn
       s != k  */
    if ( s != k )
    {
    /*  in <a> wird die ganze zeile getauscht,...  */
      for ( j = 0; j < a->s; j++ )
      {
        dummy1 = *elem ( a, s, j );
        *elem ( a, s, j ) = *elem ( a, k, j );
        *elem ( a, k, j ) = dummy1;
      }

    /*  ...in <l> und <r> nur bis zur hauptdiagonalen  */
      for ( j = 0; j < k; j++ )
      {
        dummy1 = *elem ( l, s, j );
        *elem ( l, s, j ) = *elem ( l, k, j );
```

```
            *elem ( l, k, j ) = dummyl;
        }
        for ( j = k; j < spalten; j++ )
        {
            dummyl = *elem ( r, s, j );
            *elem ( r, s, j ) = *elem ( r, k, j );
            *elem ( r, k, j ) = dummyl;
        }
      }

   /*  elemente von <l> bestimmen  */
      diagon = *elem ( r, k, k );
      if ( fabs ( diagon ) < EPS )
      {
        error = NOFACT_ERR;
        goto err_out;
      }
      else
      {
        for ( i = k+1; i < spalten; i++ )
          *elem ( l, i, k ) = *elem ( r, i, k ) / diagon;
      }
    }

  /*  die dreiecksmatrizen ueber bzw. unter der hauptdiagonalen
      loeschen, einsen auf der hauptdiagonalen von <l> erzeugen  */
    for ( k = 0; k < spalten; k++ )
    {
      for ( i = k+1; i < spalten; i++ )
      {
        *elem ( l, k, i ) = 0.0;
        *elem ( r, i, k ) = 0.0;
      }
      *elem ( l, k, k ) = 1.0;
    }

  err_out:
    return ( error );
  }
```

3. 3 Cholesky-Zerlegung

Die meisten Algorithmen zur Lösung linearer Gleichungssysteme berücksichtigen nicht eine vorhandene Symmetrie oder zerstören sie sogar.

Dem Cholesky-Algorithmus liegt eine ähnliche Idee wie der LR-Zerlegung zugrunde, jedoch werden hier symmetrische, positiv definite

Matrizen behandelt. Eine symmetrische Matrix A wird dabei folgendermaßen zerlegt:

$$C^T C = A$$

Dabei ist C eine rechte obere Dreiecksmatrix.

Im Schema von Falk wird ersichtlich, daß ein Element $a_{i,k}$ das Skalarprodukt von Spalte i und Spalte k von C ist. Für $i = k$ erhält man $c_{k,k}^2$ und braucht nur die Wurzel zu ziehen. Man kann beweisen, daß $c_{k,k}^2 > 0$ ist, wenn A positiv definit ist. Da A symmetrisch ist, braucht die Matrix nur bis zur Hauptdiagonalen abgearbeitet zu werden.

Ist ein lineares Gleichungssystem $A\mathbf{x} = \mathbf{a}$ mit symmetrischer Koeffizientenmatrix A zu lösen, so bestimmt man zuerst die Cholesky-Zerlegung C von A und löst das sich daraus ergebende gestaffelte System

$$C\mathbf{x} = \mathbf{b} \quad \text{mit} \quad C^T\mathbf{b} = \mathbf{a}$$

analog wie im vorherigen Abschnitt beschrieben. Dabei tritt C^T an die Stelle von L und C an die Stelle von R.

Quelltext 3-5

```
/*------------------------------------------------------------------*/

/*
    cholesky-zerlegung einer symmetrischen matrix <a> in eine
    rechte, obere dreiecksmatrix <c> mit

                    c(transponiert) * c = a

    eingabe :   a   symmetrische matrix, positiv definit

    ausgabe :   c   cholesky-zerlegung von <a>

    rueckgabe :   fehlercode
                  POSDEF_ERR => matrix <a> nicht positiv definit
                  NOTSYM_ERR => matrix <a> nicht symmetrisch
*/

int cholesky ( a, c )
MATRIX  *a, *c;
{
   double          dummy, eps = 0.0000001;
   register int   i, j, k, error = 0;

/*  schleife ueber alle spalten von <c>   */
   for ( k = 0; k < c->s; k++ )
```

```
27     {
28     /*  schleife ueber alle elemente von spalte <k> von <c>
29         oberhalb der hauptdiagonalen  */
30       for ( i = 0; i < k; i++ )
31       {
32         dummy = *elem ( a, i, k );
33         for ( j = 0; j < i; j++ )
34           dummy -= ( *elem ( c, j, i ) * *elem ( c, j, k ) );
35
36       /*  abfrage, ob diagonalelement von <c> gleich null  */
37         if ( fabs ( *elem ( c, i, i ) ) < eps )
38         {
39           error = POSDEF_ERR;
40           goto error_out;
41         }
42
43         *elem ( c, i, k ) = dummy / *elem ( c, i, i );
44       }
45
46     /*  bestimmen des diagonalelementes von <c>  */
47       dummy = *elem ( a, k, k );
48       for ( j = 0; j < k; j++ )
49         dummy -= ( *elem ( c, j, k ) * *elem ( c, j, k ) );
50
51       if ( dummy < 0.0 )
52       {
53         error = POSDEF_ERR;
54         goto error_out;
55       }
56
57       *elem ( c, k, k ) = sqrt ( dummy );
58
59     /*  pruefen, ob <a> symmetrisch und loeschen von <c> unterhalb der
60         hauptdiagonalen  */
61       for ( i = k+1; i < c->z; i++ )
62       {
63         if ( fabs ( *elem ( a, i, k ) - *elem ( a, k, i ) ) > eps )
64         {
65           error = NOTSYM_ERR;
66           goto error_out;
67         }
68         *elem ( c, i, k ) = 0.0;
69       }
70     }
71
72   error_out:
73     return ( error );
74   }
```

Der Quelltext 3-5 beschreibt die Implementation dieser Methode. Die Abfrage in den Zeilen 63 bis 67 prüft, ob es sich bei der Eingabematrix um eine symmetrische Matrix handelt. Diese Sicherheitsabfrage ist zwar relativ rechenaufwendig, während der Entwicklung eines größeren Programmes sind jedoch solche Tests sehr hilfreich. Ist die Entwicklung abgeschlossen, können solche Abfragen natürlich entfallen.

3. 4 Vermittelndes Ausgleichen

Die Abschnitte 3.1 - 3.3 befaßten sich ausschließlich mit der Lösung von Gleichungssystemen, die eindeutig lösbar sind, bzw. mit der Umformung der Koeffizientenmatrizen dieser Systeme.

In diesem Kapitel soll eine Methode dargestellt werden, um Gleichungssysteme zu lösen, die mehr Gleichungen als Unbekannte besitzen. Ein solches Gleichungssystem heißt <u>überbestimmt</u>, seine Koeffizientenmatrix hat mehr Zeilen als Spalten.

Betrachtet wird folgendes lineare Gleichungssystem:

$$A\mathbf{x} = \mathbf{a} \quad \text{mit} \quad n,m\text{-Matrix } A,\ n > m$$

Es existieren nur dann Lösungen $\mathbf{x}$, für die das Residuum

$$\mathbf{r} = A\mathbf{x} - \mathbf{a}$$

verschwindet, wenn rang A = rang $[A,\mathbf{a}]$. Gilt diese Bedingung nicht, so bezeichnet man das $\mathbf{x}$ als Lösung des Systems, für das das Residuum $\mathbf{r}$, gemessen mit einer geeigneten Norm, möglichst klein wird. Wird die euklidische Norm verwendet, führt das auf die bekannte "Methode der kleinsten Quadrate".

Wird das Gleichungssystem derart transformiert, daß die Norm der Spalten des Systems sich nicht ändert, so bleibt auch die Norm des Residuums erhalten.

Es liegt daher nahe, ein System $A\mathbf{x} = \mathbf{a}$ ohne Veränderung der Normen in ein eindeutig lösbares lineares Gleichungssystem $R\mathbf{x} = \mathbf{b}$ zu transformieren. Die Lösung dieses Systems ist dann im oben beschriebenen Sinne eine Lösung des überbestimmten Gleichungssystems. Diese Methode, die Matrix A zu transformieren, ist unter der Bezeichnung QR-Zerlegung bekannt. Dabei wird eine Zerlegung $A = QR$ bestimmt, wobei R Dreiecksgestalt hat und Q orthonormal ist (siehe Bild 3-1).

Eine QR-Zerlegung kann durch sogenannte Householder-Spiegelungen durchgeführt werden. Dabei wird jede Spalte durch Multiplikation mit einer orthonormalen Matrix H_i so transformiert, daß unterhalb der Hauptdiagonalen Nullen erzeugt werden. Das Produkt dieser H_i ist die Transformationsmatrix Q. Das transformierte Gleichungssystem $R\mathbf{x} = \mathbf{b}$ kann durch Rückwärtseinsetzen gelöst werden. Eine detailliertere Darstellung wird in [Boehm/Gose/Kahmann, 1985] gegeben.

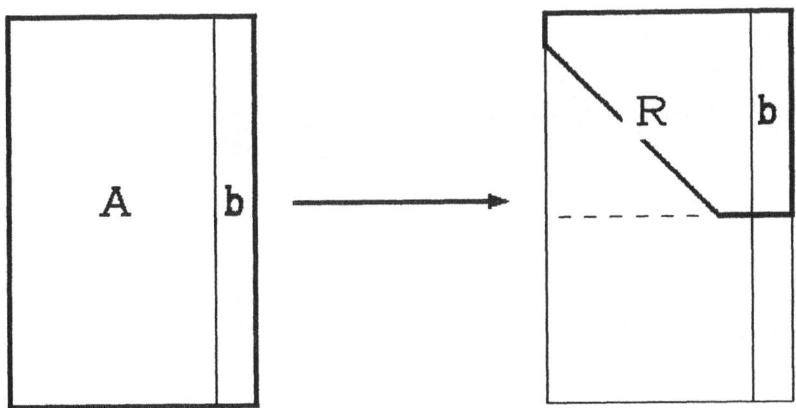

Bild 3-1
Der Householder-Algorithmus erzeugt aus einer n,m-Matrix A (n>m) eine rechte obere Dreiecksmatrix R.

Die hier implementierte Funktion <householder> (Quelltext 3-6) transformiert eine Matrix in der oben beschriebenen Art. Dabei ist die Eingabematrix <mat> eine Arbeitsmatrix, die der Matrix [A,**a**] aus Bild 3-1 entspricht. Mit <nr> wird dem Unterprogramm die Anzahl der rechten Seiten übergeben, damit nur soviele Transformationen durchgeführt werden, wie die Koeffizientenmatrix des Systems Spalten hat. Nach Rückkehr enthält <mat> die Matrix [R,**b**] (siehe Bild 3-1). Mit den Slice-Funktionen aus Abschnitt 2.2 kann <mat> danach zur weiteren Verarbeitung aufgeteilt werden.

Der Algorithmus berechnet nicht die H_i, sondern es wird Q direkt bestimmt (Zeile 72 bis 94). Eine Bestimmung der einzelnen Matrizen und eine anschließende Multiplikation wäre zu rechenaufwendig.

Quelltext 3-6

```
26 /*----------------------------------------------------------------*/
27
28 /*
29     ueberfuehren einer "hohen" matrix in eine rechte,
30     obere dreiecksmatrix durch transformationen
31     nach householder
32
33     eingaben :  mat    "hohe" matrix
34                 nr     anzahl der rechten seiten
35
36     ausgaben :  mat    transformierte matrix
37
38     rueckgabe :   fehlercode
39                   FEWLINES_ERR => eingabematrix hat zuwenig zeilen
40  */
41
42 int householder ( mat, nr )
43 MATRIX  *mat;
44 int      nr;
45 {
46   double   alpha, skalar, norm, diagon_elem;
47   MATRIX   vektor;
48   int   i, j, k, error, zeilen, spalten, upper;
49
50   zeilen = mat->z;
51   spalten = mat->s;
52
53 /*  fehlerabfrage  */
54   if ( zeilen < spalten - nr )
55   {
56     error = FEWLINES_ERR;
57     goto err_out;
58   }
59
60 /*  der spalten- index der schleife soll nur ueber die koeffizienten-
61     matrix laufen  */
62   if ( zeilen == spalten - nr )
63     upper = spalten - nr - 1;
64   else
65     upper = spalten - nr;
66
67   error = 0;
68   decl_mat ( &vektor, zeilen, 1 );
69
70   for ( j= 0; j < upper; j++ )
71   {
72   /*  norm der der spalte j der matrix <mat> von der hauptdiagonalen
73       abwaerts berechnen  */
```

```
      norm = 0.0;
      for ( i= j; i < zeilen; i++ )
        norm += *elem ( mat, i, j ) * *elem ( mat, i, j );
      norm = sqrt ( norm );

    /*  vorzeichen festlegen  */
      diagon_elem = *elem ( mat, j, j );
      if ( diagon_elem < EPS )
        norm = - norm;
      else
        norm = - sign ( diagon_elem ) * norm;

    /*  transformationsvektor erstellen  */
      for ( i= j; i < zeilen; i++ )
        *elem ( &vektor, i, 0 ) = *elem ( mat, i, j );
      *elem ( &vektor, j, 0 ) -= norm;

      alpha = 0.0;
      for ( i= j; i < zeilen; i++ )
        alpha += *elem ( &vektor, i, 0 ) * *elem ( &vektor, i, 0 );
      alpha *= 0.5;

    /*  matrix <mat> transformieren  */
      for ( k= j; k < spalten; k++ )
      {
      /*  skalar der transformation berechnen  */
        skalar = 0.0;
        for ( i= j; i < zeilen; i++ )
          skalar += *elem ( mat, i, k ) * *elem ( &vektor, i, 0 );
        skalar /= alpha;

        for ( i= j; i < zeilen; i++ )
          *elem ( mat, i, k ) -= skalar * *elem ( &vektor, i, 0 );
      }
    }
    free_mat ( &vektor );

err_out:
  return ( error );
}
```

3. 5 Bedingtes Ausgleichen

Ein lineares Gleichungssystem $B\mathbf{y} = \mathbf{b}$, bei dem weniger Gleichungen als Unbekannte gegeben sind, heißt unterbestimmt. Seine Koeffizientenmatrix B hat mehr Spalten als Zeilen. Ein solches System ist lösbar, wenn $\text{rang } B = \text{rang } [B|\mathbf{b}]$ gilt. Die Lösung ist im allgemeinen jedoch nicht eindeutig.

In der Praxis ist oft nur eine Lösung der Lösungsmenge von Interesse und zwar diejenige, die einer vorgegebenen Näherung möglichst nahe kommt.

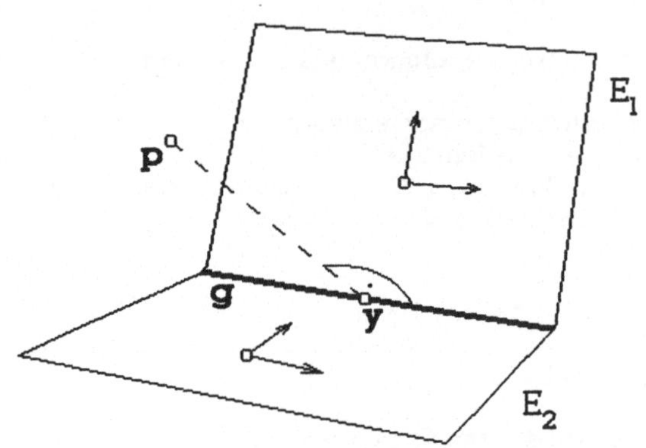

Bild 3-3
Durch bedingtes Ausgleichen wird der Punkt **y** der Schnittgeraden **g** von E_1 und E_2 bestimmt, der der Näherung **p** am nächsten liegt.

Es sei folgendes gegeben:

$B\mathbf{y} = \mathbf{b}$,	lineares Gleichungssystem, unterbestimmt
$\mathbf{p}$,	Näherungslösung des Gleichungssystems

Um zur echten Lösung **y** zu gelangen, muß **p** geeignet verschoben werden:

$$\mathbf{y} = \mathbf{p} + B^T\mathbf{t} \tag{3.1}$$

Der in Darstellung 3.1 auftretende Vektor **t** wird durch ein lineares Gleichungssystem bestimmt (siehe [Boehm/Gose/Kahmann 1985]):

$$BB^T\mathbf{t} = \mathbf{b} - B\mathbf{p} \tag{3.2}$$

Diese Gleichungen heißen Normalgleichungen, die Koeffizientenmatrix dieses Systems ist symmetrisch, positiv definit und damit durch den Cholesky-Algorithmus zerlegbar.

Quelltext 3-7 zeigt die Funktion <bedausl>, die das oben beschriebene Verfahren realisiert.

In den Zeilen 38 bis 40 wird die Koeffizientenmatrix <bbt> der Normalgleichungen bestimmt. Danach erfolgt Zerlegung von <bbt> durch den Cholesky-Algorithmus (Zeile 42 bis 48) und die Berechnung der rechten Seite der Normalgleichungen (Zeile 50 bis 53). Mithilfe der Cholesky-Zerlegung <c> wird die Lösung der Normalgleichungen in der Weise berechnet, die in Abschnitt 3.3 beschrieben wurde. Zum Schluß wird die Näherungslösung <p> entsprechend der Gleichung 3.1 verbessert (Zeile 73 bis 76).

Quelltext 3-7

```
 1 /*-------------------------------------------------------------*/
 2 /*
 3     finden einer loesung eines unterbestimmten lgs
 4
 5           bm * y = bv
 6
 7     durch bedingtes ausgleichen. die ermittelte loesung hat von
 8     allen moeglichen loesungen den geringsten euklidischen abstand
 9     zu einer vorgegebenen naeherungsloesung.
10     das lgs der normalgleichungen wird mithilfe einer cholesky-
11     zerlegung geloest.
12
13     eingaben :  bm    koeffizientenmatrix des lgs mit mehr spalten
14                       als zeilen
15                 bv    rechte seite des lgs
16                 p     naeherungsloesung
17
18     ausgabe :   y     loesung des lgs
19
20     rueckgabe : fehlercode
21 */
22
23 int bedausl ( bm, bv, p, y )
24 MATRIX   *bm, *bv, *p, *y;
25 {
26    MATRIX    c, bbt, bt, a, t, ct, d1, d2;
27    int       i, error = 0;
28
29    decl_mat ( &bt, bm->s, bm->z );
30    decl_mat ( &bbt, bm->z, bm->z );
31    decl_mat ( &c, bm->z, bm->z );
32    decl_mat ( &ct, bm->z, bm->z );
33    decl_mat ( &d1, bv->z, 1 );
34    decl_mat ( &d2, bm->s, 1 );
35    decl_mat ( &a, bv->z, 1 );
36    decl_mat ( &t, bm->z, 1 );
37
```

```
/*  berechnung der normalgleichungen: bbt = bm * bm(transponiert)  */
   (void) transp_mat ( bm, &bt );
   (void) mult_mat ( bm, &bt, &bbt );

/*  cholesky-zerlegung der normalgleichungen bestimmen  */
   error = cholesky ( &bbt, &c );
   if ( error )
   {
      do_error ( "BEDAUS", "CHOLESKY", error );
      goto error_out;
   }

/*  berechnung der rechten seite des lgs: bv = bv - bm*p  */
   (void) mult_mat ( bm, p, &dl );
   for ( i = 0; i < bv->z; i++)
      *elem ( bv, i, 0 ) -= *elem ( &dl, i, 0 );

/*  cholesky-zerlegung transponieren  */
   (void) transp_mat ( &c, &ct );

/*  gestaffeltes lgs loesen  */
   error = vorw_lgs ( &ct, bv, &a );
   if ( error )
   {
      do_error ( "BEDAUS", "VORW_LGS", error );
      goto error_out;
   }

   error = rueckw_lgs ( &c, &a, &t );
   if ( error )
   {
      do_error ( "BEDAUS", "RUECKW_LGS", error );
      goto error_out;
   }

/*  naeherung verbessern: y = p + b(transponiert)*t  */
   (void) mult_mat ( &bt, &t, &d2 );
   for ( i = 0; i < d2.z; i++ )
      *elem ( y, i, 0 ) = *elem ( p, i, 0 ) + *elem ( &d2, i, 0 );

error_out:
   free_mat ( &t );
   free_mat ( &a );
   free_mat ( &d2 );
   free_mat ( &dl );
   free_mat ( &ct );
   free_mat ( &c );
   free_mat ( &bbt );
   free_mat ( &bt );

   return ( error );
}
```

Die Normalgleichungen lassen sich jedoch nicht nur durch eine Cholesky-Zerlegung lösen, sondern auch eine QR-Zerlegung führt zum Ergebnis. In den meisten Fällen sind die Householder-Transformationen sogar vorzuziehen, da die numerische Stabilität dieses Verfahrens größer ist.

Quelltext 3-8 zeigt diese Version des bedingten Ausgleichens.

In der Funktion <bedaus2> wurden die Zeilen 55 bis 71 aus <bedaus1> durch die Zeilen 134 bis 148 ersetzt. Die Berechnung der Cholesky-Zerlegung entfällt ganz.

Quelltext 3-8

```
 90 /*-----------------------------------------------------------*/
 91 /*
 92     finden einer loesung eines unterbestimmten lgs
 93
 94             bm * y = bv
 95
 96     durch bedingtes ausgleichen. die ermittelte loesung hat von
 97     allen moeglichen loesungen den geringsten euklidischen abstand
 98     zu einer vorgegebenen naeherungsloesung.
 99     das lgs der normalgleichungen wird mithilfe einer qr-zerlegung
100     geloest.
101
102     eingaben :   bm   koeffizientenmatrix des lgs mit mehr spalten
103                       als zeilen
104                  bv   rechte seite des lgs
105                  p    naeherungsloesung
106
107     ausgabe :    y    loesung des lgs
108
109     rueckgabe :  fehlercode
110 */
111
112 int bedaus2 ( bm, bv, p, y )
113 MATRIX    *bm, *bv, *p, *y;
114 {
115   MATRIX     c, bbt, bt, t, d1, d2;
116   int        i, error = 0;
117
118   decl_mat ( &bt, bm->s, bm->z );
119   decl_mat ( &bbt, bm->z, bm->z );
120   decl_mat ( &c, bm->z, bm->z + 1 );
121   decl_mat ( &d1, bv->z, 1 );
122   decl_mat ( &d2, bm->s, 1 );
123   decl_mat ( &t, bv->z, 1 );
124
125 /*  berechnung der normalgleichungen: bbt = bm * bm(transponiert)  */
126   (void) transp_mat ( bm, &bt );
```

```
    (void) mult_mat ( bm, &bt, &bbt );

  /*  berechnung der rechten seite des lgs: bv = bv - bm*p  */
    (void) mult_mat ( bm, p, &dl );
    for ( i = 0; i < bv->z; i++)
      *elem ( bv, i, 0 ) -= *elem ( &dl, i, 0 );

  /*  normalgleichungen mit householder-algorithmus transformieren  */
    (void) put_slice ( &bbt, &c, 0, 0 );
    (void) put_slice ( bv, &c, 0, bbt.s );
    (void) householder ( &c, 1 );
    (void) get_slice ( &c, &bbt, 0, 0 );
    (void) get_slice ( &c, bv, 0, bbt.s );

  /*  transformiertes lgs loesen: bbt*t = bv  */
    error = rueckw_lgs ( &bbt, bv, &t );
    if ( error )
    {
      do_error ( "BEDAUS", "RUECKW_LGS", error );
      goto error_out;
    }

  /*  naeherung verbessern: y = p + b(transponiert)*t  */
    (void) mult_mat ( &bt, &t, &d2 );
    for ( i = 0; i < d2.z; i++ )
      *elem ( y, i, 0 ) = *elem ( p, i, 0 ) + *elem ( &d2, i, 0 );

  error_out:
    free_mat ( &t );
    free_mat ( &d2 );
    free_mat ( &dl );
    free_mat ( &c );
    free_mat ( &bbt );
    free_mat ( &bt );

    return ( error );
  }
```

4 Polynome

Polynome sind u.a. Funktionen folgender Gestalt:

$$p(t) = a_0 + a_1 t + a_2 t^2 + \dots + a_n t^n = \sum_{i=0}^{n} a_i t^i \qquad (4.1)$$

Darstellung 4.1 wird Monomform genannt, wobei der höchste vorkommende Exponent n der Variablen t Grad des Polynoms heißt. Die Polynome vom Grad $\leq n$ spannen bekanntlich einen Vektorraum der Dimension n+1 auf, wobei in der Monomform die Polynome 1, t, t^2, ... , t^n die Basis bilden.

Im CAD werden Polynome dieser Art vor allem dazu benutzt, Freiformkurven zu beschreiben. Dieses sind Parameterkurven, die vom Anwender beliebig veränderbar sind. Bei der Darstellung von Parameterkurven werden jedoch nicht reelle Zahlen als Polynomkoeffizienten a_i verwendet, sondern Koordinatenspalten $\mathbf{a}_i$. Entsprechend ist auch der Wert des Polynoms an einer Stelle t eine Koordinatenspalte $\mathbf{p}(t)$.

In diesem Kapitel werden Algorithmen zur effizienten Auswertung von Polynomen und deren Ableitung vorgestellt. Außerdem werden Methoden zur Bestimmung von Nullstellen behandelt.

4.1 Horner-Schema

Für die folgenden Überlegungen wird ein kubisches Polynom mit reellen Koeffizienten betrachtet:

$$p(t) = a_0 + a_1 t + a_2 t^2 + a_3 t^3 \qquad (4.2)$$

Um den Wert p(t) durch direkte Auswertung des Ausdrucks 4.2 zu bestimmen, sind sechs Multiplikationen und drei Additionen nötig. Eine einfache Umformung von 4.2 kann den Rechenaufwand jedoch reduzieren:

$$p(t) = a_0 + t\,(a_1 + t\,(a_2 + a_3 t)) \qquad (4.3)$$

Wird 4.3 zur Darstellung der Monomform verwandt, so sind zur Auswertung des Polynoms nur noch drei Multiplikationen und drei Additionen nötig.

Diese Verfahrensweise ist unter der Bezeichnung Horner-Schema bekannt geworden. Dieser Algorithmus ist bezüglich der Anzahl der Rechenoperationen optimal zur Auswertung eines Polynoms an einer festen Stelle.

Soll diese Methode von Hand durchgeführt werden, so ordnet man die Koeffizienten am besten nach folgendem Schema an:

$$
\begin{array}{c|lllll}
t & a_n & a_{n-1} & a_{n-2} \ldots a_0 & & \\
\hline
0 & p_0 & p_1 & p_2 \ldots\ldots p_n & & = p(t)
\end{array}
$$

Dabei sind die p_k die berechneten Zwischenergebnisse bei der Auswertung der Klammerausdrücke aus Formel 4.3. Sie werden nach der Gleichung $p_k = p_{k-1}t + a_{n-k}$ bestimmt, wobei mit $p_{-1}=0$ zu setzen ist.

Die Ableitung $p'(t)$ eines Polynoms $p(t)$ vom Grad n ist bekanntlich ein Polynom vom Grad n-1:

$$p'(t) = na_n t^{n-1} + (n-1)a_{n-1}t^{n-2} + \ldots + a_1 \qquad (4.4)$$

Es läßt sich leicht zeigen, daß die Faktoren vor den Potenzen von t in Formel 4.4 gerade die Zwischenergebnisse p_k aus dem obigen Schema sind. Somit kann man die gleiche Methode nochmals benutzen, um die Ableitung $p'(t)$ zu bestimmen:

$$
\begin{array}{c|llllll}
t & a_n & a_{n-1} & a_{n-2} \ldots a_1 & a_0 & \\
\hline
0 & p_0 & p_1 & p_2 \ldots\ldots p_{n-1} & p_n & = p(t) \\
0 & q_0 & q_1 & q_2 \ldots\ldots q_{n-1} & & = p'(t)
\end{array}
$$

Analog zum ersten Schema lautet die Formel zur Berechnung der Zwischenergebnisse $q_k = q_{k-1}t + p_k$, $q_{-1}=0$.

Es wurden drei verschiedene Versionen des Horner-Schema implementiert. Mit Quelltext 4-1 wurde durch die Funktion ‹horner_erw› das erweiterte Horner-Schema in der Weise realisiert, die oben beschrieben wurde.

Für die Anwendung bei der Auswertung von Parameterkurven in Monomdarstellung wurden die Funktion ‹horner_ndim› (Quelltext 4-2) zur Bestimmung eines einzelnen Wertes und die Funktion ‹hornerw_ndim› (Quelltext 4-3) zur Berechnung des Wertes und der Ableitung eines

Polynoms implementiert. Der Unterschied der beide letztgenannten Funktionen zum normalen Horner-Schema besteht lediglich in der Ausführung des Algorithmus in mehreren Koordinaten.

Man beachte, daß der Index der Hauptschleife (Laufvariable <j> in allen Quelltexten) rückwärts läuft, da die Polynomkoeffizienten gemäß der Indizierung in Formel 4.1 im Eingabefeld <a> gespeichert sind.

Quelltext 4-1

```
/*-------------------------------------------------------------*/

/*
     berechnen des wertes eines polynoms an einer bestimmten stelle
     nach dem erweiterten horner-schema;

     eingabe :  a    polynomkoeffizienten
                x    stelle an der das polynom ausgewertet
                     werden soll

     ausgabe :  p    wert des polynoms an der stelle <x>
                q    wert der ableitung an der stelle <x>
*/

void horner_erw ( a, x, p, q )
MATRIX    *a;
double    x, *p, *q;
{
   register int    j;
   double    summe, abl;

/*  erweitertes horner-schema durchfuehren   */
   abl = 0.0;
   summe = *elem ( a, 0, a->s - 1 );
   for ( j = a->s - 2; j >= 0; j-- )
   {
     abl = abl * x + summe;
     summe = summe * x + *elem ( a, 0, j );
   }
   *q = abl;
   *p = summe;
}
```

Quelltext 4-2

```
/*--------------------------------------------------------------*/

/*
    berechnen des wertes eines polynoms an einer bestimmten stelle
    nach dem horner-schema;
    fuer die polynomkoeffizienten und den wert des polynoms sind
    koordinatenspalten vorgesehen, um zu ermoeglichen, dass mehrere
    polynome gleichen grades mit einem aufruf ausgewertet werden
    koennen.

    eingabe :   a    polynomkoeffizienten
                x    stelle an der das polynom ausgewertet
                     werden soll

    ausgabe :   p    wert des polynoms an der stelle <x>

    rueckgabe :  fehlercode
                 KOMP_ERR => die matrizen <a> und <p> haben nicht
                             die gleiche zeilenanzahl
*/

int horner_ndim ( a, x, p )
MATRIX    *a, *p;
double    x;
{
  register int   i, j, error;
  double   summe;

  if ( a->z == p->z )
  {
    error = 0;

  /*  schleife ueber alle zeilen ( koordinaten )  */
    for ( i = 0; i < a->z; i++ )
    {
    /*  ausfuehren des horner-schemas  */
      summe = *elem ( a, i, a->s - 1 );
      for ( j = a->s - 2; j >= 0; j-- )
        summe = summe * x + *elem ( a, i, j );
      *elem ( p, i, 0 ) = summe;
    }
  }
  else
    error = KOMP_ERR;

  return ( error );
}
```

Quelltext 4-3

```
/*-------------------------------------------------------------*/

/*
    berechnen des wertes eines polynoms und dessen ableitung an
    einer bestimmten stelle nach dem erweiterten horner-schema;
    fuer die polynomkoeffizienten, den wert des polynoms und
    dessen ableitung sind koordinatenspalten vorgesehen, um zu
    ermoeglichen, dass mehrere polynome gleichen grades mit einem
    aufruf ausgewertet werden koennen.

    eingabe :   a    polynomkoeffizienten
                x    stelle an der das polynom ausgewertet
                     werden soll

    ausgabe :   p    wert des polynoms an der stelle <x>
                q    ableitung des polynoms an der stelle <x>

    rueckgabe :   fehlercode
                  KOMP_ERR => die matrizen <a> und <p> oder <a>
                              und <q> haben nicht die gleiche
                              zeilenanzahl
*/

int hornerw_ndim ( a, x, p, q )
MATRIX   *a;
double   x;
MATRIX   *p, *q;
{
  register int   i, j, error;
  double   summe, abl;

  if ( ( a->z == p->z ) && ( a->z == q->z ) )
  {
    error = 0;

  /* schleife ueber alle zeilen von <a> ( koordinaten )  */
    for ( i = 0; i < a->z; i++ )
    {
    /* erweitertes horner-schema durchfuehren  */
      abl = 0.0;
      summe = *elem ( a, i, a->s - 1 );
      for ( j = a->s - 2; j >= 0; j-- )
      {
        abl = abl * x + summe;
        summe = summe * x + *elem ( a, i, j );
      }
      *elem ( q, i, 0 ) = abl;
      *elem ( p, i, 0 ) = summe;
    }
  }
```

```
    else
      error = KOMP_ERR;

    return ( error );
}
```

4.2 Vorwärtsdifferenzen

Im letzten Abschnitt wurde ein Verfahren beschrieben, um Polynome an einer Stelle effizient auszuwerten. Soll jedoch der Wert eines Polynoms p(t) an einer Folge von Stellen $\{ t_0, t_1, \ldots, t_m \}$ bestimmt werden, so lassen sich noch weitere Rechenoperationen einsparen, wenn man davon ausgeht, daß $t_k = t_0 + kh$ ist, wobei h der Abstand der Stellen voneinander ist.

Betrachten wir ein lineares Polynom:

$$p(t) = a_0 + a_1 t \tag{4.5}$$

Ist der Funktionswert an einer Stelle t_0 bekannt, so läßt sich der Wert an der Stelle t_0+h daraus herleiten:

$$\begin{aligned} p(t_0+h) &= a_0 + a_1(t_0+h) \\ &= a_0 + a_1 t_0 + a_1 h \\ &= p(t_0) + a_1 h \\ &= p(t_0) + \Delta_1, \\ &\quad \Delta_1 := a_1 h \end{aligned} \tag{4.6}$$

Da die Änderung Δ_1 des Funktionwertes nicht von t abhängt, lassen sich die Werte an den Stellen t_1, t_2, ... usw. auf die gleiche Weise berechnen, ohne daß Δ_1 neu bestimmt werden muss. Das bedeutet, daß nur eine Multiplikation durchgeführt werden muß, um Δ_1 zu berechnen. Zur Bestimmung der restlichen Funktionswerte braucht nur noch addiert zu werden.

Nach dem gleichen Ansatz soll ein quadratisches Polynom

$$p(t) = a_0 + a_1 t + a_2 t^2 \tag{4.7}$$

ausgewertet werden.

Den Wert von $p(t_0+h)$ kann man folgendermaßen herleiten:

$$\begin{aligned} p(t_0+h) &= a_0 + a_1(t_0+h) + a_2(t_0+h)^2 \\ &= a_0 + a_1t_0 + a_2t_0^2 + a_1h + 2a_2t_0h + a_2h^2 \\ &= p(t_0) + a_1h + a_2h^2 + 2a_2ht_0 \\ &= p(t_0) + \Delta_2(t_0), \\ &\quad \Delta_2(t) := a_1h + a_2h^2 + 2a_2ht \end{aligned} \tag{4.8}$$

Um $p(t)$ an den Stellen t_1, t_2, ... usw. auszuwerten, müßte man allerdings $\Delta_2(t)$ für jeden Funktionswert neu berechnen, da die Änderung selbst von der Stelle t abhängt.

Die Änderung $\Delta_2(t)$ ist aber linear in t und kann damit mit der weiter oben beschriebenen Methode ausgewertet werden:

$$\begin{aligned} \Delta_2(t_0+h) &= a_1h + a_2h^2 + 2a_2h(t_0+h) \\ &= a_1h + a_2h^2 + 2a_2ht_0 + 2a_2h^2 \\ &= \Delta_2(t_0) + 2a_2h^2 \\ &= \Delta_2(t_0) + \Delta_1, \\ &\quad \Delta_1 := 2a_2h^2 \end{aligned} \tag{4.9}$$

Mit den Vorwärtsdifferenzen Δ_1 und Δ_2 läßt sich somit ein Algorithmus zur Auswertung eines quadratischen Polynoms formulieren:

---

gegeben: Polynomkoeffizienten a_0, a_1, a_2
Anfangsstelle t_0
Schrittweite h
Anzahl der zu berechnenden Werte m

gesucht: Funktionswerte $y_i = p(t_i)$, i = 0, ..., m

```
y0 := p(t0)
Δ1 := 2a2h²
Δ2 := a1h + a2h² + 2a2ht0
for i:=1 to m do
      yi := yi-1 + Δ2
      Δ2 := Δ2 + Δ1
end
```

Dieses Verfahren läßt sich analog für höhere Polynomgrade formulieren. Im kubischen Fall lauten die Gleichungen für die Vorwärtsdifferenzen folgendermaßen:

$$\Delta_1 = 6a_3h^3 \qquad (4.10)$$

$$\Delta_2(t) = 2a_2h^2 + 6a_3h^3 + 6a_3h^3t$$

$$\Delta_3(t) = a_1h + a_2h^2 + a_3h^3 + (2a_2h + 3a_3h^2)t + 3a_3ht^2$$

Sollen mit diesem Verfahren m+1 Werte eines Polynoms vom Grad drei berechnet werden, so sind für die Initialisierung der Vorwärtsdifferenzen 32 Multiplikationen und 7 Additionen nötig, wenn die Formeln 4.10 direkt umgesetzt werden.

Weiterhin braucht man zur Bestimmung des ersten Funktionswertes drei Multiplikationen und drei Additionen, wenn dafür das Horner-Schema verwandt wird.

Für die Berechnung der restlichen m Werte sind dann nur noch 3m Additionen nötig. Das sind also insgesamt 35 Multiplikationen und 3m+10 Additionen zur Berechnung von m+1 Funktionswerten.

Werden alle Werte mit dem Horner-Schema bestimmt, so sind 3(m+1) Multiplikationen und ebensoviele Additionen erforderlich.

Dieses sehr effiziente Verfahren hat allerdings den Nachteil, daß sich durch die häufige Verwendung von Additionen der Fehler, der bei der Darstellung von Fließkommazahlen im Computer gemacht wird, unter Umständen stark vergrößert. Es sollte daher vermieden werden, eine zu große Anzahl von Werten mit den Vorwärtsdifferenzen zu bestimmen. Gegebenenfalls muß der Bereich, in dem das Polynom ausgewertet werden soll, in zwei oder mehrere Teilintervalle unterteilt werden.

Quelltext 4-4

```
/*----------------------------------------------------------*/

/*
    bestimmung von werten eines kubischen polynoms an einer folge
    von stellen durch berechnung von vorwaertsdifferenzen;
    die spaltenanzahl des feldes <p> gibt an, in wieviele teile
    das eingabeintervall [a,b] unterteilt wird, die zeilenanzahl
    gibt an, mit wievielen koordinaten gerechnet werden soll.
```

```
    eingaben:   pol      koeffizientenmatrix eines kubischen polynoms
                a,b      grenzen des intervalles, in dem die
                         werte berechnet werden sollen

    ausgabe:    p        werte des polynoms

    rueckgabe:  fehlercode
                KOMP_ERR => die felder <pol> und <p> haben nicht
                            die gleiche anzahl von zeilen
                            ( koordinaten )  oder
                            <pol> hat nicht vier spalten
                            ( kein kubisches polynom )
*/

int vorwdiff ( pol, p, a, b )
MATRIX *pol, *p;
double  a, b;
{
  WORD            dim;
  double          h, h2, h3, bi, ci, di;
  register int    error = 0, i, k, n;
  MATRIX          delta;

  if ( (pol->z != p->z) || (pol->s != 4) )
  {
    error = KOMP_ERR;
    goto error_out;
  }

/*  einige hilfsvariablen berechnen und speicher fuer die
    differenzen anfordern  */
  dim = p->z;
  n = p->s - 1;
  h = ( b - a ) / (double) n;
  h2 = h * h;
  h3 = h2 * h;
  decl_mat ( &delta, dim, 3 );

/*  vorwaertsdifferenzen fuer alle dimensionen bestimmen  */
  for ( i = 0; i < dim; i++ )
  {
  /*  polynomkoeffizienten einlesen  */
    bi = *elem ( pol, i, 1 );
    ci = *elem ( pol, i, 2 );
    di = *elem ( pol, i, 3 );

  /*  differenzen initialisieren  */
    *elem ( &delta, i, 0 ) = bi*h + ci*h2 + di*h3;
    *elem ( &delta, i, 0 ) += ( 2*ci*h + 3*di*h2 ) * a;
    *elem ( &delta, i, 0 ) += 3*di*h * a * a;

    *elem ( &delta, i, 1 ) = 2*ci*h2 + 6*di*h3;
    *elem ( &delta, i, 1 ) += 6*di*h2 * a;
```

```

      *elem ( &delta, i, 2 ) = 6*di*h3;
   }

/*  ersten punkt der folge durch horner-schema berechnen  */
   (void) horner_ndim ( pol, a, p );

/*  die restlichen punkte durch verwendung der vorwaerts-
    differenzen bestimmen  */
   for ( k=0; k<dim; k++ )
   {
      *elem ( p, k, 0 ) = *elem ( pol, k, 0 );
      for ( i=1; i<=n; i++ )
      {
         *elem ( p, k, i ) = *elem ( p, k, i-1 ) + *elem ( &delta , k, 0 );
         *elem ( &delta, k, 0 ) += *elem ( &delta, k, 1 );
         *elem ( &delta, k, 1 ) += *elem ( &delta, k, 2 );
      }
   }

error_out:
   free_mat ( &delta );

   return ( error );
}
```

Es ist leider sehr aufwendig, den Algorithmus allgemein für Polynome beliebigen Grades zu formulieren. Mit Quelltext 4-4 wurde deshalb nur der kubischen Fall implementiert. Ähnlich wie bei den Funktionen, die das Horner-Schema realisieren, wurden auch bei der Funktion <vorwdiff> zweidimensionale Datenfelder als Ein- und Ausgabeparameter vorgesehen, um die Auswertung von mehrdimensionalen Parameterkurven zu erleichtern.

Bei der Initialisierung sind durch Verwendung der Hilfsvariablen <h2> und <h3> sowie durch die Zwischenspeicherung der Polynomkoeffizienten in den Variablen <bi>, <ci> und <di> einige arithmetische Operationen eingespart worden, so daß der Rechenaufwand etwas geringer ist, als in den obigen Ausführungen angegeben.

4. 3 Nullstellen

Zur Lösung einiger Aufgabenstellungen ist es erforderlich, Stellen zu bestimmen, an denen eine Funktion den Wert Null annimmt. Ein für diese Art von Problemen sehr häufig verwendetes Verfahren ist der Algorithmus von Newton. In diesem Abschnitt werden verschiedene Versionen dieser Methode vorgestellt, die einzelne Typen der Nullstellenbestimmung ermöglichen.

Die Herleitung dieses Verfahrens benötigt den Begriff der sogenannten kontrahierenden Abbildungen.

Eine Abbildung f heißt im Intervall $I := [a, b]$ kontrahierend, wenn sie folgende Bedingungen erfüllt:

1. $f(I) \subset I$ (4.11)
2. Es gibt eine Lipschitz-Konstante $L \in [0, 1)$, so daß für alle $x, y \in I$ gilt:
   $|f(x) - f(y)| \leq L|x-y|$ (4.12)

Kontrahierende Abbildungen haben in I genau einen Fixpunkt $s=f(s)$, der der Grenzwert der Folge $x_{n+1} = f(x_n)$ ist. Dabei ist die Konvergenz dieser Folge unabhängig von der Wahl des Startwertes x_0.

Die Idee des Newton-Algorithmus ist, eine kontrahierende Abbildung f zu definieren, die als Fixpunkt die gesuchte Nullstelle hat:

$$f(x) = x - \frac{g(x)}{g'(x)} \qquad (4.13)$$

Dabei ist g die Funktion, deren Nullstelle bestimmt werden soll.

Quelltext 4-5 ist eine direkte Umsetzung dieser Methode. Die Routine <newton> bestimmt eine Nullstelle einer beliebigen Funktion. Da im allgemeinen Fall keine besonderen Eigenschaften der Funktion, deren Nullstelle bestimmt werden soll, ausgenutzt werden, werden <newton> zwei Zeiger <f> und <g>, die auf Routinen zur Berechnung von Funktionswert und Ableitung verweisen, als Parameter übergeben. Diese beiden Unterprogramme müssen vom Anwender der Routine <newton> bereitgestellt werden. Weiterhin werden eine Startnäherung <x>, eine Genauigkeit <eps> und die maximal zulässige Anzahl von Iterationen <maxit> vorgegeben.

Der Algorithmus schlägt fehl, wenn die erste Ableitung der Funktion während eines Iterationsschrittes verschwindet.

Beim Aufruf von <newton> sollte deswegen gewährleistet sein, daß die zu untersuchende Funktion in dem Gebiet, in dem die Funktion 4.13 kontrahiert, eine Ableitung ungleich null hat. Eventuell kann durch Angabe einer anderen Startnäherung <x> vermieden werden, daß der Algorithmus auf eine Stelle trifft, an der die Ableitung verschwindet.

Der Algorithmus bricht ab, wenn die geforderte Genauigkeit <eps> oder die maximale Iterationstiefe <maxit> erreicht ist (Zeile 103). Ein Zusammenhang zwischen <eps> und <maxit> läßt sich aus der Lipschitz-Bedingung 4.12 herleiten (siehe [Boehm/Gose/Kahmann, 1985]).

Quelltext 4-5

```
55 /*-------------------------------------------------------------*/
56 /*
57    bestimmen einer nullstelle einer funktion durch den algorithmus
58    von newton;
59
60    eingaben:  f        zeiger auf routine, die den funktionswert
61                        berechnet
62               g        zeiger auf routine, die den wert der
63                        ableitung von <f> berechnet
64               x        startnaeherung
65               eps      geforderte genauigkeit
66               maxit    maximale anzahl an iterationen
67
68    ausgabe:   x        nullstelle des polynoms
69
70    rueckgabe: fehlercode
71               NODER_ERR => ableitung ist bei einer iteration null
72               MAXIT_ERR => maximale anzahl an iterationen
73                            erreicht
74 */
75
76 int newton ( f, g, x, eps, maxit )
77 double (*f)(), (*g)();
78 double *x, eps;
79 int    maxit;
80 {
81   int      k = 0, error = 0;
82   double  fl , gl, q;
83
```

```
  do
  {
  /*  berechnen von funktionswert und ableitung an der stelle <x>   */
    fl = (*f)( *x );
    gl = (*g)( *x );

  /*  iterationsschritt durchfuehren  */
    if ( fabs ( gl ) >= eps )
    {
      q = fl / gl;
      *x -= q;
    }
    else
    {
      error = NODER_ERR;
      break;
    }
    k++;
  }
  while ( ( k < maxit ) && ( fabs ( q ) > eps ) );

  if ( k == maxit )
    error = MAXIT_ERR;

  return ( error );
}
```

Für den speziellen Fall, daß eine Nullstelle eines Polynoms berechnet werden soll, kann die Methode verbessert werden.

Statt der beiden Zeiger auf Funktionen, die Wert und Ableitung des Polynoms berechnen, werden nur die Polynomkoeffizienten übergeben. Während der Iteration können dann die benötigten Werte durch das erweiterte Horner-Schema bereitgestellt werden. Diese Version des Newton-Algorithmus wurde mit Quelltext 4-6 realisiert.

Ansonsten bleibt die Newton-Iteration unverändert.

Quelltext 4-6

```
/*--------------------------------------------------------------*/
/*
    bestimmen einer nullstelle eines polynoms durch den algorithmus
    von newton;

    eingaben:   koeff     feld der polynomkoeffizienten
                x         startnaeherung
                eps       geforderte genauigkeit
```

```
                      maxit     maximale anzahl an iterationen

     ausgabe:    x           nullstelle des polynoms

     rueckgabe:  fehlercode
                 NODER_ERR => ableitung ist bei einer iteration null
                 MAXIT_ERR => maximale anzahl an iterationen
                              erreicht
*/

int newton_pol ( koeff, x, eps, maxit )
MATRIX    *koeff;
double *x, eps;
int     maxit;
{
  int      k = 0, error = 0;
  double  f, g, q;

  do
  {
  /*  wert des polynoms und dessen ableitung an der stelle <x>
      mit dem horner-schema berechnen   */
    horner_erw ( koeff, *x, &f, &g );

  /*  iterationsschritt durchfuehren   */
    if ( fabs ( g ) >= eps )
    {
      q = f / g;
      *x -= q;
    }
    else
    {
      error = NODER_ERR;
      break;
    }
    k++;
  }
  while ( ( k < maxit ) && ( fabs ( q ) > eps ) );

  if ( k == maxit )
    error = MAXIT_ERR;

  return ( error );
}
```

Analog zu 4.13 läßt sich eine mehrdimensionale Funktion **f** definieren, die als Fixpunkt die Nullstelle eines Systems von Gleichungen hat:

$$\mathbf{f}(\mathbf{x}) = \mathbf{x} - D_{\mathbf{g}}^{-1}(\mathbf{x})\mathbf{g}(\mathbf{x}) \tag{4.14}$$

Dabei ist $D_{\mathbf{g}}^{-1}(\mathbf{x})$ die Inverse der Jacobi-Matrix von **g**:

$$D_g^{-1}(\mathbf{x}) = \begin{bmatrix} \frac{\partial g_1}{\partial x_1} & \cdots\cdots & \frac{\partial g_1}{\partial x_n} \\ \vdots & & \vdots \\ \frac{\partial g_n}{\partial x_1} & \cdots\cdots & \frac{\partial g_n}{\partial x_n} \end{bmatrix}^{-1} (\mathbf{x})$$

Die sich aus 4.14 ergebende Folge, deren Fixpunkt durch die Iteration bestimmt werden soll, lautet damit:

$$\mathbf{x}_{k+1} = \mathbf{x}_k - D_g^{-1}(\mathbf{x}_k)\mathbf{g}(\mathbf{x}_k) \qquad (4.15)$$

Es wäre jedoch zu rechenintensiv, die Folgenglieder direkt nach Gleichung 4.15 zu bestimmen, da für jedes Element der Folge die Matrix $D_g(\mathbf{x}_k)$ invertiert werden müßte. Die Matrixinversion läßt sich durch Einführung des Iterationsschrittes $\mathbf{d} := \mathbf{x}_{k+1} - \mathbf{x}_k$ und einige Umformungen vermeiden:

$$\begin{aligned} & \mathbf{x}_{k+1} = \mathbf{x}_k - D_g^{-1}(\mathbf{x}_k)\mathbf{g}(\mathbf{x}_k) \\ \Leftrightarrow \quad & \mathbf{x}_k + \mathbf{d} = \mathbf{x}_k - D_g^{-1}(\mathbf{x}_k)\mathbf{g}(\mathbf{x}_k) \\ \Leftrightarrow \quad & \mathbf{d} = -D_g^{-1}(\mathbf{x}_k)\mathbf{g}(\mathbf{x}_k) \\ \Leftrightarrow \quad & D_g(\mathbf{x}_k)\mathbf{d} = -\mathbf{g}(\mathbf{x}_k) \qquad (4.16) \end{aligned}$$

Somit braucht für die Bestimmung eines Folgengliedes $\mathbf{x}_{k+1}$ nur noch das lineare Gleichungssystem 4.16 für $\mathbf{d}$ gelöst zu werden. Gibt es eine eindeutige Lösung, so wird diese zu $\mathbf{x}_k$ addiert.

Analog zum eindimensionalen Newton-Verfahren, muß hier gewährleistet sein, daß die Jacobi-Matrix für alle $\mathbf{x}_k$ regulär ist, d.h. daß ihre Determinante von null verschieden ist.

Der mehrdimensionale Newton-Algorithmus wurde mit der Funktion <newton_ndim> (Quelltext 4-7) implementiert. Wie im allgemeinen Fall werden auch hier zwei Zeiger auf Routinen übergeben, die den Wert der Funktion $\mathbf{g}$ bzw. die Jacobi-Matrix an der Stelle $\mathbf{x}$ bestimmen.

Mit den Zeilen 176 bis 199 wird das Gleichungssystem 4.16 gelöst. In den Zeilen 201 bis 208 wird der Iterationsschritt durchgeführt und das Quadrat der euklidischen Norm des Vektors <dx> (entspricht $\mathbf{d}$) berechnet. Die Schleife bricht ab, wenn die Norm von <dx> kleiner als oder gleich der Genauigkeit <eps> ist. Werden die Quadrate der beiden Werte verglichen, so wird pro Schleifendurchlauf das Ziehen einer Wurzel vermieden.

Quelltext 4-7

```
/*-----------------------------------------------------------------*/
/*
    loesen eines nichtlinearen gleichungssystems

          f1 ( x1,...,xn ) = 0
          .
          .
          fn ( x1,...,xn ) = 0

    mit dem algorithmus von newton;

    eingaben:   f        zeiger auf routine, die die funktionswerte
                         f1 bis fn berechnet
                jac      zeiger auf routine, die den wert der
                         jacobi-matrix von <f> berechnet
                x        startnaeherung
                eps      geforderte genauigkeit
                maxit    maximale anzahl an iterationen

    ausgabe:    x        nullstelle des systems

    rueckgabe:  fehlercode
                MAXIT_ERR => maximale anzahl an iterationen
                             erreicht
*/

int newton_ndim ( f, jac, x, eps, maxit )
void     (*f)(), (*jac)();
MATRIX   *x;
double   eps;
int      maxit;
{
   int      k = 0, i, error = 0;
   MATRIX   f1, jacob, h, r, dx;
   double   eps2, norm2;

   decl_mat ( &f1, x->z, 1 );
   decl_mat ( &jacob, x->z, x->z );
   decl_mat ( &h, jacob.z, jacob.s+1 );
   decl_mat ( &r, jacob.z, jacob.s );
   decl_mat ( &dx, x->z, 1 );
   eps2 = eps*eps;

   do
   {
```

```
    /*  wert von f und der jacobi-matrix an der stelle x berechnen  */
      (*f) ( x, &fl );
      (*jac)( x, &jacob );

    /*  arbeitsmatrix fuer householder aufstellen  */
      for (i=0; i<fl.z; *elem ( &fl, i, 0 ) *= -1.0, i++ );
      (void) put_slice ( &jacob, &h, 0, 0 );
      (void) put_slice ( &fl, &h, 0, jacob.s );

    /*  arbeitsmatrix transformieren  */
      error = householder ( &h, 1 );
      if ( error )
      {
        do_error ( "NEWTON_NDIM", "HOUSEHOLDER", error );
        goto error_out;
      }

    /*  matrizen fuer rueckwaertseinsetzen vorbereiten  */
      (void) get_slice ( &h, &r, 0, 0 );
      (void) get_slice ( &h, &fl, 0, jacob.s );

    /*  gleichungssystem loesen  */
      error = rueckw_lgs ( &r, &fl, &dx );
      if ( error )
      {
        do_error ( "NEWTON_NDIM", "RUECKW_LGS", error );
        goto error_out;
      }

    /*  iterationsschritt durchfuehren : x = x + dx;
        quadrat der euklidischen norm des schrittvektors
        <dx> berechnen  */
      for ( norm2 = 0.0, i = 0; i < x->z; i++ )
      {
        *elem ( x, i, 0 ) += *elem ( &dx, i, 0 );
        norm2 += sqr ( *elem ( &dx, i, 0 ));
      }

      k++;
    }
    while ( ( k < maxit ) && ( norm2 > eps2 ) );

    if ( k == maxit )
      error = MAXIT_ERR;

error_out:
    free_mat ( &dx );
    free_mat ( &r );
    free_mat ( &h );
    free_mat ( &jacob );
    free_mat ( &fl );

    return ( error );
}
```

5 Parameterkurven in der Ebene

Wie schon im vorhergehenden Kapitel angedeutet worden ist, werden Polynome im CAD u. a. dazu verwandt, Freiformkurven zu beschreiben. Die monomische Darstellung (Formel 4.1) ist allerdings wenig dazu geeignet, weil die Koeffizienten $\mathbf{a}_i$ i. a. keine direkten Aussagen über die Gestalt und die Eigenschaften der durch sie bestimmten Kurve zulassen.

Verwendet man jedoch statt der in 4.1 benutzten Basis $\{ 1, t, t^2, ..., t^n \}$ andere Basen des Vektorraumes der Polynome vom Grad $\le n$, so kann dieser Nachteil behoben werden.

Im allgemeinen werden die Kurven segmentweise durch Polynome festen Grades dargestellt, wobei an den Segmentübergängen je nach Anwendung gewisse Differenzierbarkeitsbedingungen gegeben sein müssen. In diesem Zusammenhang tritt der Begriff des Splines auf.

Eine segmentierte Kurve mit Polynomsegmenten vom Grad n, die (n-1)-mal differenzierbar ist, heißt Polynomspline oder Spline n-ten Grades. Ist sie weniger oft, aber mindestens einmal differenzierbar, so heißt die Kurve Subspline.

Die beiden folgenden Abschnitte beschreiben die beiden Spline-Techniken, die zur Zeit am häufigsten zur Anwendung kommen. Da kubische Splines für viele Problemstellungen hinreichend steif und flexibel zugleich sind, werden die folgenden Ausführungen insbesondere diese Kurven behandeln.

5.1 Bézier-Technik

Diese Methode wurde in der Zeit um 1960 unabhängig von Bézier und de Casteljau in Frankreich entwickelt. Das Verfahren benutzt Kurvensegmente folgender Form :

$$\mathbf{b}(t) = \sum_{i=0}^{n} B_i^n(t)\mathbf{b}_i \ , \qquad (5.1)$$

$$B_i^n(t) = \begin{cases} \binom{n}{i}(1-t)^{n-i}\, t^i & \text{für} \quad i \in \{0, .., n\} \\ 0 & \text{sonst} \end{cases}$$

Die in dieser Formel auftretenden Punkte $\mathbf{b}_i$ heißen Bézier-Punkte, die Funktionen $B_i^n(t)$ Bernstein-Polynome vom Grad n mit t als lokalem Parameter des betrachteten Segmentes. Die Bernstein-Polynome bilden eine Basis des Vektorraumes der Polynome vom Grad n und werden i. a. nur auf dem Intervall [0, 1] betrachtet.

Die Bernstein-Polynome haben u. a. folgende Eigenschaften:

$$B_i^n(t) \geq 0 \qquad \forall\, t \in [0, 1] \tag{5.2}$$

$$\sum_{i=0}^{n} B_i^n(t) \equiv 1 \qquad \forall\, t \in \mathbb{R} \tag{5.3}$$

$$B_i^n(t) = (1-t)B_i^{n-1}(t) + t B_{i-1}^{n-1}(t) \tag{5.4}$$

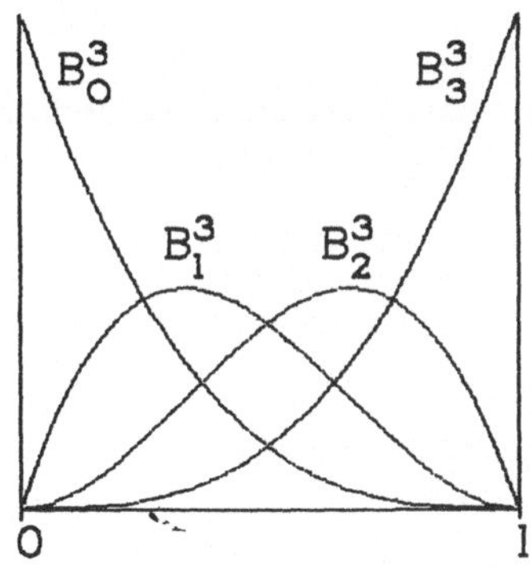

Bild 5-1
Kubische Bernstein-Polynome im Intervall [0, 1]

Die Eigenschaften 5.2 und 5.3 haben zur Folge, daß die Kurve $\mathbf{b}(t)$ innerhalb der konvexen Hülle der Bézier-Punkte verläuft (Bild 5-2). Eine weitere wichtige Eigenschaft der Bézier-Kurven ist, daß die Tangentialrichtung der Kurve im Punkt $\mathbf{b}(0)$ durch $\mathbf{b}_1 - \mathbf{b}_0$ und in $\mathbf{b}(1)$ durch $\mathbf{b}_n - \mathbf{b}_{n-1}$ angegeben werden kann. Insgesamt resultiert daraus, daß der Polygonzug einen ungefähren Eindruck vom Verlauf und der Gestalt der Kurve liefert.

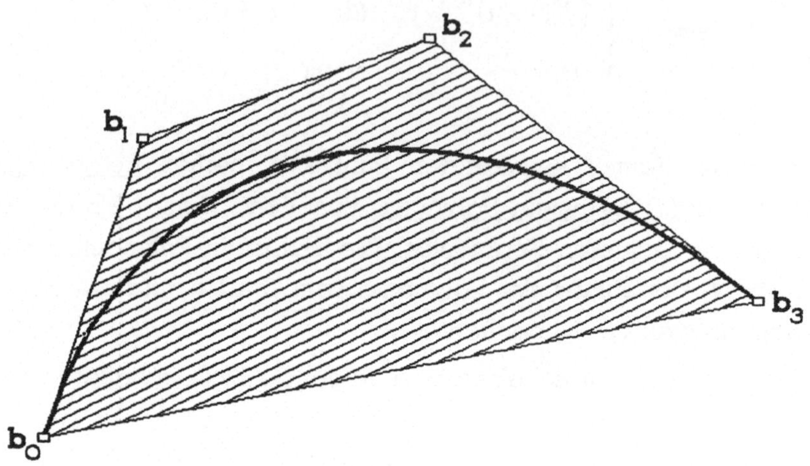

Bild 5-2
Eine Bézier-Kurve (stark dargestellt) liegt in der konvexen Hülle des Kontrollpolygons (schraffierter Bereich).

Quelltext 5-1

```
/*-----------------------------------------------------------------*/
/*
    berechnen des wertes eines bernstein-polynoms an einer bestimmten
    stelle. es wurde die rekursionsformel implementiert.

    eingabe   :  grad      grad des bernsteinpolynoms
                 index     index des bernsteinpolynoms
                 para      wert, fuer den das polynom ausgewertet
                           werden soll

    rueckgabe :  wert des polynoms an der stelle <para>
*/

double bernstein ( grad, index, para )
int    grad, index;
double   para;
{
  double   erg;

  if ( index < 0 || index > grad )
     erg = 0.0;
  else
     if ( grad == 0 )
        erg = 1.0;
```

```
204        else
205          erg = ( 1.0 - para ) * bernstein ( grad - 1, index, para ) +
206                         para  * bernstein ( grad - 1, index - 1, para );
207     return ( erg );
208   }
```

Quelltext 5-1 ist eine direkte Umsetzung der Rekursionformel 5.4 der Bernstein-Polynome. Mit der Funktion ‹bernstein› können Werte von Bernstein-Polynomen beliebigen Grades bestimmt werden. Als Rekursionsanfang wird der Rückgabewert auf null gesetzt, wenn der Index des Bernstein-Polynoms nicht zwischen null und dem betrachteten Polynomgrad liegt (Zeilen 199, 200). Der Rückgabewert wird auf eins gesetzt, wenn ein Polynom vom Grad null berechnet werden soll (Zeilen 202, 203).

Im gleichen Zeitraum, in dem Bézier sein Verfahren entwickelte, gab de Casteljau einen sehr effizienten Algorithmus an, um einzelne Punkte der Bézier-Kurven zu berechnen. Dieser Algorithmus bestimmt einen Punkt der Kurve durch fortgesetzte lineare Interpolation.

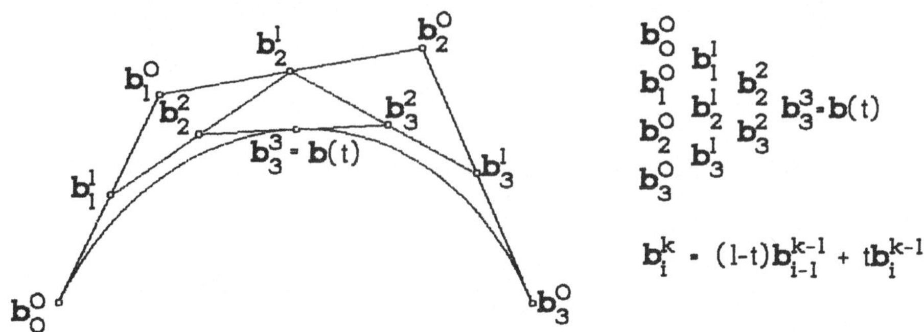

Bild 5-3
Kubisches Bézier-Segment mit Kontrollpolygon und Algorithmus von de Casteljau

Quelltext 5-2

```
/*------------------------------------------------------------*/
/*
      algorithmus von de casteljau,
      polynomgrad und anzahl der koordinaten sind durch die struktur
      <bez_pol> festgelegt

      eingaben :   bez_pol   bezier-polygon des segmentes
                   t         parameterwert, fuer den ein punkt
                             berechnet werden soll (0<=t<=1)

      ausgabe :    der algorithmus erzeugt den zu berechnenden punkt
                   in der ersten spalte von <bez_pol>

      rueckgabe :  fehlercode
                 OUTOB_ERR => <t> liegt nicht zwischen null und eins
                 KOMP_ERR  => <bez_pol> hat die falsche groesse
*/

int casteljau ( bez_pol, t )
MATRIX    *bez_pol;
double    t;
{
   register int   i, j, k, error, ord;
   double   beta;

   error = 0;
   ord = pol_degree + 1;

   if ( 0 <= t && t <= 1 )
   {
      if ( bez_pol->s == ord )
      {
         beta = 1.0 - t;

      /*  schleife ueber alle koordinaten   */
         for ( k= 0; k < bez_pol->z; k++ )
            for ( i= 1; i < ord; i++ )
               for ( j= 0; j < ord - i; j++ )
                  *elem ( bez_pol, k, j ) = beta * *elem ( bez_pol, k, j ) +
                                            t  * *elem ( bez_pol, k, j + 1 );
      }
      else
         error = KOMP_ERR;
   }
   else
      error = OUTOB_ERR;

 err_out:
   return ( error );
}
```

Mit Quelltext 5-2 wurde das in Bild 5-3 gezeigte Schema realisiert. Dabei werden dem Unterprogramm das Kontrollpolygon (‹bez_pol›) und der Parameterwert des zu bestimmenden Punktes (‹t›) übergeben. Die Matrix ‹bez_pol› wird zur Aufnahme der Zwischenergebnisse $\mathbf{b}_i^k$ verwendet. Nach Durchlaufen der drei verschachtelten Schleifen (Zeile 36 bis 41) befindet sich der errechnete Punkt in der ersten Spalte der übergebenen Matrix. Man beachte die Belegung des Arbeitsfeldes ‹bez_pol› (siehe Bild 5-4) nach Ausführung der innersten Schleife (Laufvariable ‹j›). Die in der Darstellung stark umrandeten Elemente des Feldes sind die gültigen Daten für den Algorithmus.

Die Funktion ‹casteljau› kann verwendet werden, um alle Punkte eines Segmentes zu berechnen. Die folgenden beiden Quelltexte bauen auf dieser Funktion auf.

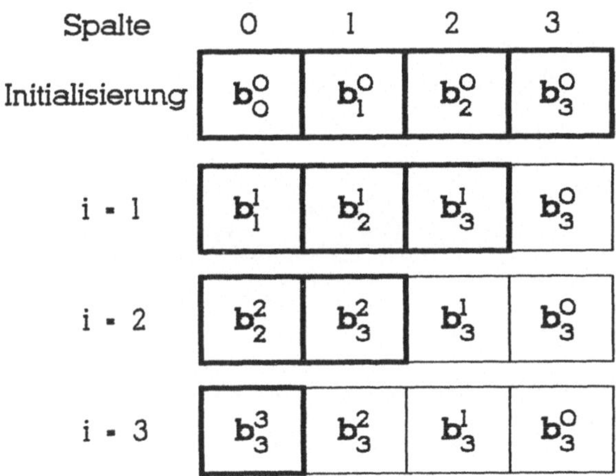

Bild 5-4
Belegung des Arbeitsfeldes beim Algorithmus von de Casteljau im kubischen Fall

Die Quelltexte 5-3 und 5-4 beschreiben zwei Funktionen, mit denen bei Vorgabe eines Bézier-Polygons die gesamte Kurve dargestellt werden kann. Die in der Funktion ‹spline› verwendete Konstante ‹PPS› bestimmt durch die Anforderung des Speichers für das lokale Datenfeld ‹curv› die

Anzahl der Punkte, die für jedes Segment berechnet werden. Sie muß je nach Bedarf geeignet definiert werden. Es muß gewährleistet sein, daß die Ausgabematrix <points> in <spline> groß genug ist, um alle Kurvensegmente aufzunehmen.

Quelltext 5-3

```
/*--------------------------------------------------------------*/
/*
    berechnen von kurvenpunkten eines bezier-segmentes;
    er werden soviele kurvenpunkte berechnet, wie das feld
    <curve> aufnehmen kann.

    eingabe :   seg       bezier-polygon des segmentes

    ausgabe :   curve     matrix mit folge von kurvenpunkten

    rueckgabe : fehlercode
*/

int comp_seg ( seg, curve )
MATRIX    *seg, *curve;
{
  MATRIX   pun, d_seg;
  int      i, k, anz, error;
  double   t, step;

  error = 0;
  anz = curve->s;
  decl_mat ( &pun, 2, 1 );
  decl_mat ( &d_seg, 2, seg->s );

/*  schleife ueber alle zu berechnenden punkte  */
  step = 1.0 / ( anz - 1 );
  for ( t = 0.0, i = 0; i < anz; t += step, i++ )
  {
  /*  segment in arbeitsmatrix kopieren  */
    error = get_slice ( seg, &d_seg, 0, 0 );
    if ( error )
    {
      do_error ( "COMP_SEG", "GET_SLICE", error );
      goto err_out;
    }

   /*  punkt zum parameterwert <t> mit dem algorithmus
       von de casteljau berechnen  */
    error = casteljau ( &d_seg, t );
    if ( error )
    {
      do_error ( "COMP_SEG", "CASTELJAU", error );
```

```
            goto err_out;
        }

    /*  punkt umspeichern  */
        for ( k = 0; k < seg->z; k++ )
          *elem ( curve, k, i ) = *elem ( &d_seg, k, 0 );

    } /* for i */

err_out:
    free_mat ( &d_seg );
    free_mat ( &pun );

    return ( error );
}
```

Quelltext 5-4

```
/*----------------------------------------------------------*/
/*
       berechnen einer folge von datenpunkten eines bezier-splines
       es werden pro segment <PPS> punkte berechnet.

       eingaben :  pol        bezier-polygon der gesamten kurve
                   anz_seg    anzahl der segmente

      ausgabe :    points     feld mit den errechneten kurvenpunkten

      rueckgabe :  fehlercode
                   SMALL_ERR => datenfeld <points> ist zu klein
*/

int spline ( pol, points )
MATRIX    *pol, *points;
{
  int              s, koord, error, ord, anz_seg;
  MATRIX           pun, seg, curv;

  error = 0;

/*  festlegen einiger werte  */
  anz_seg = ( pol->s - 1 ) / pol_degree;
  ord = pol_degree + 1;                         /* polynomordnung */
  koord = pol->z;                               /* anzahl koordinaten */

/*  hilfsfelder allokieren  */
  decl_mat ( &pun, koord, 1 );
  decl_mat ( &seg, koord, ord );
  decl_mat ( &curv, koord, PPS );

/*  sicherheitsabfrage  */
```

```
  if ( points->s < (PPS-1)*anz_seg + 1 ||
       points->z < pol->z )
  {
  /*  ausstieg, wenn das feld der kurvenpunkte zu klein ist  */
    error = SMALL_ERR;
    goto err_out;
  }

/*  schleife ueber alle segmente  */
  for ( s = 0; s < anz_seg; s++ )
  {
  /*  segment <s> kopieren  */
    error = get_slice ( pol, &seg, 0, s*pol_degree );
    if ( error )
    {
      do_error ( "SPLINE", "GET_SLICE", error );
      goto err_out;
    }

  /*  punkte fuer ein segment berechnen...  */
    error = comp_seg ( &seg, &curv );
    if ( error )
    {
      do_error ( "SPLINE", "COMP_SEG", error );
      goto err_out;
    }

  /*  ... und umspeichern  */
    error = put_slice ( &curv, points, 0, s * ( PPS - 1 ) );
    if ( error )
    {
      do_error ( "SPLINE", "COMP_SEG", error );
      goto err_out;
    }
  } /* for s */

err_out:
  free_mat ( &curv );
  free_mat ( &seg );
  free_mat ( &pun );

  return ( error );
}
```

Die bisherigen theoretischen Betrachtungen beziehen sich alle auf ein einzelnes Bézier-Segment. In der Praxis wird man kaum mit solchen Kurven hinreichend gute Näherungen erreichen. Bessere Resultate erzielt man mit zusammengesetzten Segmenten. Dazu benötigt man einen globalen Parameter u für die gesamte Kurve **b**(u), um die einzelnen

Segmente gemäß den an den Übergängen gewünschten Differenzierbarkeitsbedingungen zusammenzusetzen. Dabei ist zu beachten, daß $\mathbf{b}(u)$ die gesamte Kurve und $\mathbf{b}(t)$ ein einzelnes Segment bezeichnet.

Die Gestalt des gesamten Kontrollpolygons liefert auch hier die wichtigsten Informationen über die Eigenschaften der Kurven.

Im folgenden werden zwei kubische Segmente betrachtet, deren Bezier-Punkte mit $\mathbf{b}_0$ bis $\mathbf{b}_3$ bzw. $\mathbf{b}_4$ bis $\mathbf{b}_7$ bezeichnet werden (Bild 5-4) und die über den Intervallen $[u_0, u_1]$ bzw. $[u_1, u_2]$ definiert sind. Ist ein Kurvenpunkt $\mathbf{b}(u)$ mit $u \in [u_i, u_{i+1}]$ zu berechnen, so bestimmt man den lokalen Parameter t des Segmentes i durch die lineare Transformation:

$$t = \frac{u - u_i}{u_{i+1} - u_i} = \frac{u - u_i}{\Delta_i}$$

Sind gewisse Übergangsbedingungen gefordert, so müssen folgende Beziehungen gelten :

$$C^0: \quad \mathbf{b}_3 = \mathbf{b}_4$$

$$C^1: \quad \mathbf{b}_3 = \frac{\Delta_1}{\Delta_0 + \Delta_1}\mathbf{b}_2 + \frac{\Delta_0}{\Delta_0 + \Delta_1}\mathbf{b}_5 = \mathbf{b}_4 \tag{5.5}$$

$$C^2: \quad \mathbf{b}_2 = \frac{\Delta_1}{\Delta_0 + \Delta_1}\mathbf{b}_1 + \frac{\Delta_0}{\Delta_0 + \Delta_1}\mathbf{d} \quad \text{und}$$

$$\mathbf{b}_5 = \frac{\Delta_1}{\Delta_0 + \Delta_1}\mathbf{d} + \frac{\Delta_0}{\Delta_0 + \Delta_1}\mathbf{b}_6$$

sowie die C^1-Bedingung

Die in den Formeln 5.5 auftretenden Δ_i bezeichnen die Intervallängen $u_{i+1} - u_i$ ($i = 0, 1$). Bild 5-5 veranschaulicht die geometrischen Zusammenhänge zwischen den Parameterintervallen und der Lage der Punkte des Kontrollpolygons am Beispiel zweier kubischer Segmente, die einen C^2-Übergang besitzen. Die Beziehungen in 5.5 lassen sich für höhere Polynomgrade weiter fortsetzen. Da Polynome vom Grad drei beispielhaft betrachtet werden, wird hier nicht weiter darauf eingegangen.

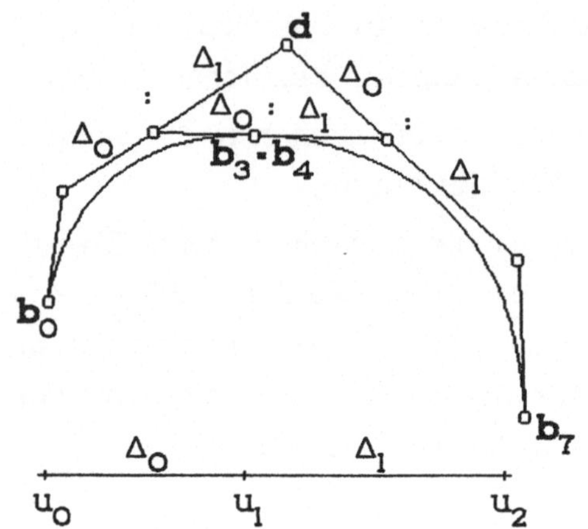

Bild 5-5
C^2-Übergang bei kubischen Segmenten

5.2 B-Spline-Technik

In den 70er Jahren entwickelte de Boor ein Verfahren, das eine Verallgemeinerung der Bézier-Technik darstellt. Diese B-Spline-Technik benutzt, ähnlich wie das Bézier-Verfahren, ein Kontrollpolygon, dessen Punkte mit bestimmten Basisfunktionen gewichtet werden :

$$\mathbf{s}(u) = \sum_{i=0}^{m-1} N_i^n(u)\mathbf{d}_i \tag{5.6}$$

Die Punkte $\mathbf{d}_i$ werden <u>de Boor-Punkte</u> genannt, die Funktionen $N_i^n(u)$ <u>Basis-</u> oder kurz <u>B-Splines</u>. Diese Funktionen werden jedoch nicht wie die Bernstein-Polynome über dem Intervall [0, 1] betrachtet, sondern über einer Folge von geordneten reellen Zahlen, dem sogenannten Knotenvektor. Gibt man einen Knotenvektor mit $u_0 \le u_1 \le \dots \le u_{m+n+1}$ vor, so sind die B-Splines vom Grad n definiert durch:

$$\sum_{k=i-n}^{i} N_k^n(u) \equiv 1 \quad \text{für} \quad u \in [u_i, u_{i+1}) \tag{5.7}$$

$$N_i^n(u) \ge 0 \tag{5.8}$$

$$N_i^n(u) = 0 \qquad \text{für} \quad u \notin [u_i, u_{i+n+1}) \tag{5.9}$$

Unabhängigkeit voneinander entdeckten de Boor, Mansfield und Cox die Rekursionsformel für B-Splines :

$$N_i^0(u) = \begin{cases} 1 & \text{für} \quad u \in [u_i, u_{i+1}) \\ 0 & \text{sonst} \end{cases} \tag{5.10}$$

$$N_i^n(u) = \beta_i^n(u) N_i^{n-1}(u) + (1 - \beta_{i+1}^n(u)) N_{i+1}^{n-1}(u) \,,$$

$$\beta_i^n(u) = \frac{u - u_i}{u_{i+n} - u_i}$$

Die Definition der B-Splines verbietet nicht das mehrfache Auftreten eines Knotens u_i. In der Tat ist ein Knotenvektor zugelassen, bei dem aufeinanderfolgende Knoten gleich sind. Mit zunehmender Vielfachheit eines Knotens nimmt jedoch die Differenzierbarkeit der Kurve an dieser Stelle ab.

Ein B-Spline vom Grad n ist überall C^{n-1}-stetig, wenn sein Trägerintervall, also das Intervall, in dem er ungleich null ist, nur verschiedene Knoten enthält. An einer Stelle mit doppeltem Knoten ist er noch C^{n-2}-stetig usw. Allgemein formuliert bedeutet das, daß ein B-Spline an der Stelle u_i (n-k)-fach stetig ist (n = Polynomgrad), wenn k die Vielfachheit des Knotens u_i angibt.

Treten alle Knoten n-fach auf, so degenerieren alle B-Splines dieses Knotenvektors zu Bernstein-Polynomen (siehe auch Bild 5-7). Dies ist insbesondere als Randbedingung für die Enden der zu beschreibenden Kurve interessant, wie Bild 5-6 zeigt. Werden die ersten und letzten Knoten n-fach eingetragen, so entsprechen die ersten und letzten beiden de Boor-Punkte den Bézier-Punkten der gleichen Kurve. Auf diese Weise sind die Anfangs- und Endbedingungen der Kurve für den Anwender durch Verändern des Kontrollpolygons leicht beeinflußbar.

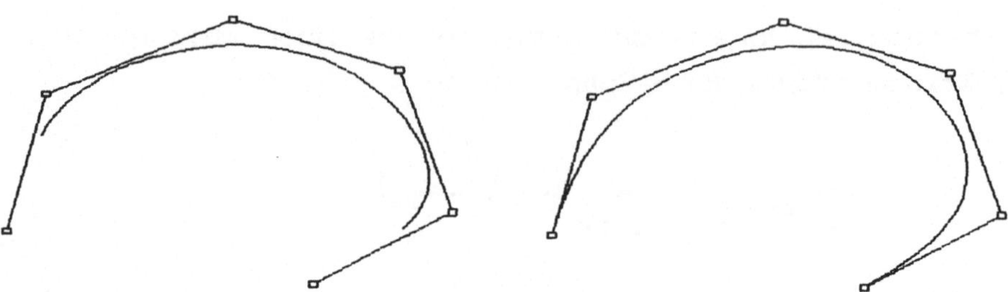

Bild 5-6

Zwei kubische B-Spline-Kurven mit gleichem Kontrollpolygon, aber verschiedenen Knotenvektoren: alle Knoten einfach (links), Randknoten dreifach (rechts)

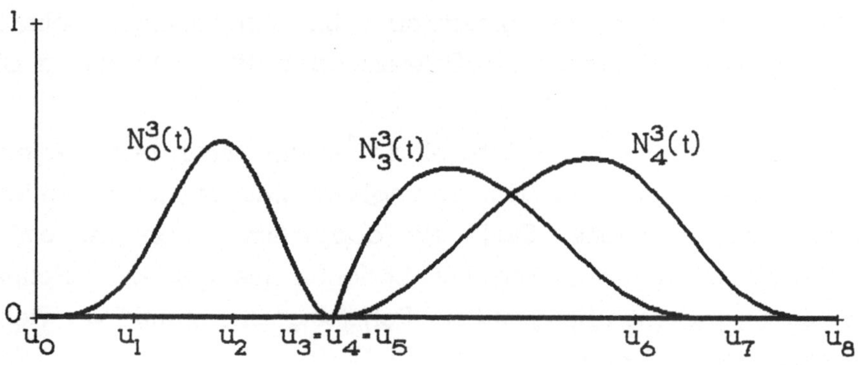

Bild 5-7 Kubische B-Splines

Quelltext 5-5

```
/*---------------------------------------------------------------*/
/*
        bestimmen des wertes eines bsplines an der stelle t

        eingabe : r     polynomgrad
                  i     index des bsplines
                  u     knotenvektor
```

```
133                t         parameterwert
134
135       rueckgabe :        wert des bsplines
136  */
137
138  double cox_deb ( r, i, u, t )
139  int       r, i;
140  MATRIX    *u;
141  double    t;
142  {
143    double  erg, a, b, d1, d2;
144
145    if ( r == 0 )
146    {
147      if ( ( t >= *elem ( u, 0, i ) ) && ( t <= *elem ( u, 0, i+1 ) ) )
148        erg = 1.0;
149      else
150        erg = 0.0;
151    }
152    else
153    {
154      d1 = *elem ( u, 0, i+r ) - *elem ( u, 0, i );
155      if ( d1 < EPS )
156        a = 0.0;
157      else
158        a = ( t - *elem ( u, 0, i ) ) / d1;
159
160      d2 = *elem ( u, 0, i+r+1 ) - *elem ( u, 0, i+1 );
161      if ( d2 < EPS )
162        b = 0.0;
163      else
164        b = ( *elem ( u, 0, i+r+1 ) - t ) / d2;
165
166      erg = a*cox_deb ( r-1, i, u, t ) + b*cox_deb ( r-1, i+1, u, t );
167    }
168    return ( erg );
169  }
```

Für einige Problemstellungen ist es nötig, den Wert eines B-Splines an einer Stelle zu bestimmen. Analog zur Funktion ‹bernstein› (Quelltext 5-1) wurde die Rekursionformel 5.10 für B-Splines umgesetzt. Rekursionsanfang ist hier der konstante B-Spline, der auf seinem Trägerintervall den Wert eins, ansonsten den Wert null annimmt.

Zur Bestimmung der Faktoren ‹a› und ‹b› in den Zeilen 154 bis 164 muß eine Fallunterscheidung gemacht werden, um eine Division durch null zu verhindern, wenn gewisse Knoten mehrfach auftreten.

Es ist jedoch vom Rechenaufwand ungünstig, Formel 5.10 direkt umzusetzen, wenn die Werte aller B-Splines an einer Stelle u berechnet werden müssen, da dann die Zwischenergebnisse durch die Rekursion mehrfach berechnet werden. Es empfiehlt sich daher, die Werte der B-Splines iterativ in einem Arbeitsfeld zu bestimmen, sodaß auf bereits berechnete Werte zurückgegriffen werden kann.

Spalte	0	1	2	3	4
Initialisierung	0	$N_i^0 = 1$	0	0	0
r = 1	0	N_i^1	N_{i-1}^1	0	0
r = 2	0	N_i^2	N_{i-1}^2	N_{i-2}^2	0
r = 3	0	N_i^3	N_{i-1}^3	N_{i-2}^3	N_{i-3}^3

Bild 5-8
Belegung des Arbeitsfeldes bei der Funktion ‹mansfield› im kubischen Fall

In Bild 5-8 sind die zu berechnenden B-Splines aufgeführt. Der in der Grafik auftauchende Index i ist der Index des größten Knotens, der kleiner als u ist. Dieser Index wird durch binäre Suche mit der Funktion ‹intest› (Quelltext 5-7) bestimmt.

Quelltext 5-6

```
/*-----------------------------------------------------------------*/
/*
      bestimmen der werte aller bsplines an der stelle t

      eingabe : index    index des knotenintervalles von <t>
                t        parameter
                knot     knotenvektor
```

```

    ausgabe : werte     berechnete bsplines

    rueckgabe :  fehlercode
                 SMALL_ERR => feld <werte> ist zu klein
*/

int mansfield ( werte, index, t, knot )
MATRIX  *werte;
int      index;
double  t;
MATRIX  *knot;
{
  MATRIX          feld;
  register int    error, r, i, k, ord;
  double          b1, b2, d1, d2;

  error = 0;
  ord = pol_degree + 1;

/*  arbeitsfeld anfordern  */
  decl_mat ( &feld, 1, ord + 1 );

  if ( werte->z == 1 && werte->s == ord )
  {
  /*  arbeitsmatrix initialisieren  */
    *elem ( &feld, 0, 1 ) = 1.0;

    for ( r = 1; r < ord; r++ )
      for ( k = r+1; k > 0; k-- )
      {
        i = index - pol_degree + ord - k;
        d1 = *elem ( knot, 0, i+r ) - *elem ( knot, 0, i );
        if ( d1 < EPS )
          b1 = 0.0;
        else
          b1 = ( t - *elem ( knot, 0, i ) ) / d1;

        d2 = *elem ( knot, 0, i+r+1 ) - *elem ( knot, 0, i+1 );
        if ( d2 < EPS )
          b2 = 0.0;
        else
          b2 = ( *elem ( knot, 0, i+r+1 ) - t ) / d2;

        *elem ( &feld, 0, k ) = b2 * *elem ( &feld, 0, k-1) +
                                b1 * *elem ( &feld, 0, k );
      }

  /*  ergebnisse aus arbeitsmatrix in ausgabematrix kopieren  */
    for ( k = 0; k < ord; k++ )
      *elem ( werte, 0, k ) = *elem ( &feld, 0, feld.s - 1 - k );
  }
  else
```

```
    error = SMALL_ERR;

error_out:
  free_mat ( &feld );

  return ( error );
}
```

Auch für B-Spline-Kurven wurde ein Algorithmus angegeben, um sie an einer bestimmten Stelle effizient auszuwerten. Der sogenannte de Boor-Algorithmus stellt eine Verallgemeinerung des Algorithmus von de Casteljau dar. Hier wird bei der fortgesetzten linearen Interpolation jedoch nicht immer das gleiche Teilverhältnis benutzt, sondern die Teilstücke des de Boor-Polygons werden in der gleichen Weise unterteilt, wie die Knoten den zugehörigen Parameterbereich unterteilen (siehe Bild 5-8).

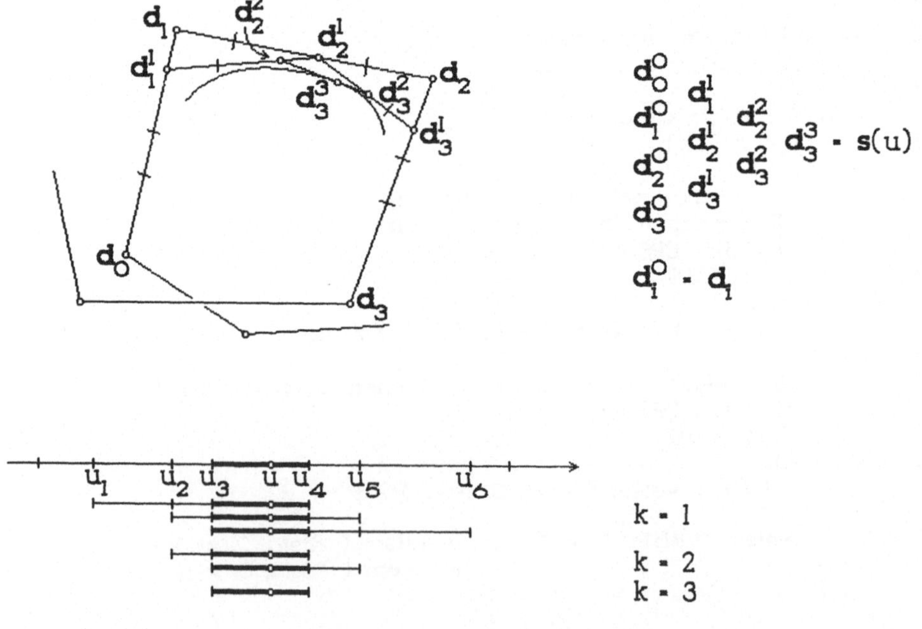

Bild 5-9
de Boor-Algorithmus bei einer kubischen B-Spline-Kurve

Die Punkte $\mathbf{d}_i^k$ berechnen sich allgemein nach der Formel 5.11 für $u \in [u_i, u_{i+1})$:

$$\mathbf{d}_i^k = (1 - \alpha_i^k(u))\mathbf{d}_{i-1}^{k-1} + \alpha_i^k(u)\mathbf{d}_i^{k-1}, \qquad (5.11)$$

$$\alpha_i^k(u) = \frac{u - u_i}{u_{i+n+1-k} - u_i}$$

Auch beim de Boor-Algorithmus ist wie beim Schema von Mansfield der Index des größten Knotens $u_i \leq u$ durch die Routine <intest> zu bestimmen. Die für den Algorithmus signifikanten de Boor-Punkte sind damit $\mathbf{d}_{i-r}, \dots, \mathbf{d}_i$, das sind die Punkte mit den Indizes der B-Splines, die im Intervall $[u_i, u_{i+1})$ ungleich null sind.

Quelltext 5-7

```
/*---------------------------------------------------------------------*/
/*
    binaere suche des knoten-intervalles, in dem x liegt

    eingabe :     x       wert
                  u       matrix mit intervallgrenzwerten
                  iu      unterer anfangsindex
                  io      oberer  anfangsindex

   ausgabe :      lu      index der unteren intervallgrenze, in dem x liegt

   rueckgabe :    fehlercode
                          OUTOB_ERR : x liegt in keinem intervall
*/

int intest ( x, u, iu, io, lu )
double  x;
MATRIX  *u;
int      iu, io, *lu;
{
  int  index, error;

  error = 0;
  if (( x < *elem ( u, 0, iu )) || ( x > *elem ( u, 0, io ) ))
     error = OUTOB_ERR;
  else
  {
     do
     {
        index = (WORD) ( io + iu ) / 2;
```

```
458          if ( x >= *elem ( u, 0, index ) &&
459              *elem ( u, 0, index ) != *elem ( u, 0, index+1 ) )
460            iu = index;
461          else
462            io = index;
463        }
464        while ( (io - iu) != 1 );
465        *lu = iu;
466      }
467
468    return ( error );
469  }
```

Quelltext 5-8 ist die Umsetzung des in Bild 5-9 dargestellten Schemas. Die Belegung der Arbeitsfeldes ‹sig_deb› erfolgt analog zur Funktion ‹casteljau›, wie in Bild 5-4 dargestellt. Auch in ‹deboor› muß eine Fallunterscheidung gemacht werden (Zeile 507 bis 510), um eine Division durch null zu verhindern. Der Wert des Gewichtes ‹beta› wird dann auf null gesetzt, da der entsprechende B-Spline verschwindet.

Quelltext 5-8

```
471  /*-----------------------------------------------------------------------*/
472  /*
473       berechnen eines punktes einer bspline-kurve nach
474       dem deboor-algorithmus
475
476       eingabe :   t          paramterwert des punktes
477                   knots      knotenvektor
478                   sig_deb    signifikante deboorpunkte
479                   l          index der unteren intervallgrenze von ‹t›
480
481       ausgabe :   sig_deb    der algorithmus berechnet in der ersten
482                              spalte von ‹sig_deb› die koordinaten des
483                              punktes
484
485       rueckgabe :            fehlercode
486  */
487
488  int deboor ( t, knots, sig_deb, l )
489  double   t;
490  MATRIX   *knots, *sig_deb;
491  int      l;
492  {
493    int      i, j, m, ki, error, ord;
494    double   beta, divis;
495
```

```
    error = 0;
    ord = pol_degree + 1;

    /* Deboor-Algorithmus:
       schleife ueber alle koordinaten */
    for ( m = 0; m < sig_deb->z; m++ )
      for ( i = 1; i < ord; i++ )
        for ( j = 0; j < ord - i; j++ )
        {
          ki = 1 - pol_degree + j + i;
          divis = *elem ( knots, 0, ki + ord - i ) - *elem ( knots, 0, ki );
          if ( divis < EPS )
            beta = 0.0;
          else
            beta = ( t - *elem ( knots, 0, ki ) ) / divis;
          *elem ( sig_deb, m, j ) = ( 1 - beta ) * *elem ( sig_deb, m, j ) +
                                     beta * *elem ( sig_deb, m, j+1 );
        }

    return ( error );
}
```

Analog zu den Funktionen <comp_seg> und <spline>, die zur Auswertung einer Bézier-Kurve dienen, wurden die Funktionen <comp_span> und <bspline> implementiert. Dabei berechnet <comp_span> Punkte einer B-Spline-Kurve in einem Parameterbereich $[u_i, u_{i+1}]$, also in einem Segment. Die Routine <bspline> berechnet die gesamte Kurve.

Quelltext 5-9

```
/*-----------------------------------------------------------------*/
/*
     berechnen der punkte eines spans eines splines

     eingabe  :  cont       kontrolpolygon
                 k          knotenvektor
                 knot_ind   index des unteren knotens des spans

     ausgabe  :  span       alle kurvenpunkte dieses spans

     rueckgabe : fehlercode
*/

int comp_span ( cont, knot, knot_ind, span )
MATRIX  *cont, *knot;
int      knot_ind;
MATRIX  *span;
```

```
{
  double     a, b, t, t_step;
  WORD       i;
  MATRIX     punkt, sig_debp;
  int        ord, error;

  error = 0;
  ord = pol_degree + 1;

  decl_mat ( &punkt, cont->z, 1 );
  decl_mat ( &sig_debp, cont->z, ord );

  a = *elem ( knot, 0, knot_ind );
  b = *elem ( knot, 0, knot_ind + 1 );
  t_step = fabs ( b - a ) / (PPS - 1);

  for ( t = a, i = 0; i < PPS; i++ )
  {
  /*  die signifikanten deboor-punkte kopieren */
    error = get_slice ( cont, &sig_debp, 0, knot_ind - pol_degree );
    if ( error )
    {
      do_error  ( "COMP_SPAN", "GET_SLICE", error );
      goto error_out;
    }

  /*  kurvenpunkt berechnen  */
    error = deboor ( t, knot, &sig_debp, knot_ind );
    if ( error )
    {
      do_error  ( "COMP_SPAN", "DEBOOR_P", error );
      goto error_out;
    }

  /* kurvenpunkt herausnehmen und ... */
    error = get_slice ( &sig_debp, &punkt, 0, 0 );
    if ( error )
    {
      do_error  ( "COMP_SPAN", "GET_SLICE", error );
      goto error_out;
    }

  /*  ... in den span uebertragen   */
    error = put_slice ( &punkt, span, 0, i );
    if ( error )
    {
      do_error  ( "COMP_SPAN", "PUT_SLICE", error );
      goto error_out;
    }

    t += t_step;
  }

```

```
error_out:
   free_mat ( &sig_debp );
   free_mat ( &punkt );

   return ( error );
}
```

Quelltext 5-10

```
/*--------------------------------------------------------------*/
/*
    berechnen der punkte einer ganzen bspline-kurve;
    es wird davon ausgegangen, dass das feld <kurve> hinreichend
    gross ist um alle punkte ( <PPS> pro echten span ) aufzunehmen.

    eingabe:     cont        kontrollpolygon
                 knot        knotenvektor

    ausgabe:     kurve       kurvenpunkte

    rueckgabe:               fehlercode
*/

int bspline ( cont, knot, kurve )
MATRIX *cont, *knot, *kurve;
{
  int            error, i, ia;
  MATRIX         span;

  error = 0;
  decl_mat ( &span, kurve->z, PPS );

/*  schleife ueber alle echten spans  */
  ia = pol_degree;
  i = 0;
  do
  {
    if ( *elem ( knot, 0, ia ) != *elem ( knot, 0, ia+1 ) )
    {
      error = comp_span ( cont, knot, ia, &span );
      if ( error )
      {
        do_error ( "BSPLINE", "COMP_SPAN", error );
        goto error_out;
      }

    /*  span nach points umspeichern  */
      error = put_slice ( &span, kurve, 0, i * (PPS-1) );
      if ( error )
      {
        do_error ( "BSPLINE", "PUT_SLICE", error );
```

```
            goto error_out;
          }
          i++;
        }
      ia++;
    }
    while ( ia < knot->s - pol_degree - 1 );

error_out:
    free_mat ( &span );

    return ( error );
}
```

5. 3 Vorbemerkungen zur Interpolation/Approximation

In der Anwendung sind im allgemeinen geordnete Folgen $\{\mathbf{p}_i\}$ von m Punkten vorgegeben, aus denen eine Kurve $\mathbf{s}(u)$ zu bestimmen ist, die

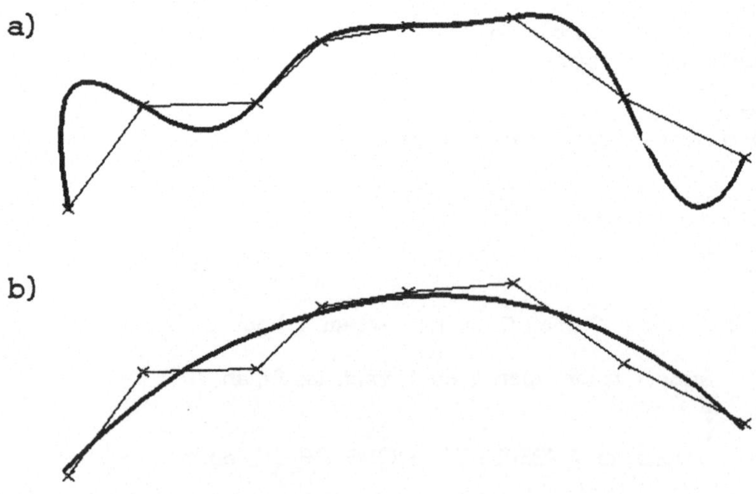

Bild 5-10

Kurve a) interpoliert die Punkte des vorgegebenen Polygons. Kurve b) wurde durch Approximation des gleichen Polygons erzeugt.

den Vorgabepunkten im geeigneten Sinne möglichst nahe kommt. Diese Polygonzüge können z.B. vom Konstrukteur direkt am Grafiktablett eingegebene Punkte oder abgetastete Daten eines Modelles sein.

Ein Verfahren, bei dem die gesuchte Kurve $\mathbf{s}(u)$ durch jeden der Punkte $\mathbf{p}_i$ läuft, heißt Interpolation. Werden die Punkte nur näherungweise von der Kurve angenommen, so spricht man von Approximation.

Es hängt von den Anforderungen ab, ob eine Kurve durch Interpolation oder Approximation erzeugt wird. Dabei sind einige Eigenschaften dieser beiden Verfahren zu berücksichtigen.

Die häufigste und zugleich anschaulichste Anforderung an eine Kurve ist, daß sie die Gestalt des vorgebenen Polygons wiedergibt.

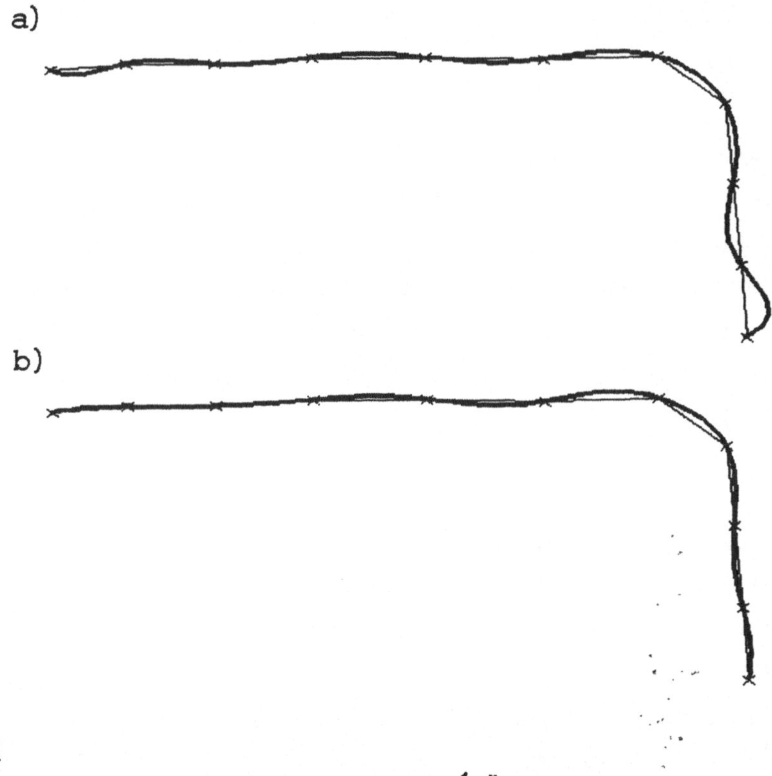

Bild 5-11

Interpolation: a) Polynomgrad fünf, C^4-Übergänge

b) Polynomgrad drei, C^2-Übergänge

Vergleiche zwischen Kurven, die durch Interpolation bzw. Approximation bei gleichen Vorgaben erzeugt wurden, zeigen, daß bei der Interpolation leicht Schwingungen zwischen den vorgegebenen Punkte auftreten können (siehe Bild 5-10). Das Ausmaß dieser Oszillationen hängt u. a. von der Wahl des Polynomgrades, der Segmentierung und der Differenzierbarkeitsbedingungen an den Übergängen ab (siehe Bild 5-11).

Bei einer Approximation werden nicht so starke Anforderungen an die Kurve gestellt (die Vorgaben müssen nicht auf der Kurve liegen), so daß die unerwünschten Schwingungen kaum auftreten.

Eine weitere Möglichkeit, die Gestalt der Kurve und somit die Güte der Approximation zu beeinflussen, ist die Wahl der Segmentgrenzen und der Parametrisierung. Nähere Informationen darüber sind u. a. bei [de Boor, 1978], [Hölzle, 1983], [Hoschek, 1987], [Hoschek, 1988], [Maccallum/Zhang, 1986] zu finden.

5. 4 Interpolation mit Bézier-Technik

Bei der Interpolation in Bézier-Technik wird häufig der Ansatz verwendet, die einzelnen Punkte $\mathbf{p}_i$ des Vorgabepolygons durch kubische Bézier-Segmente mit C^1-Übergängen miteinander zu verbinden.

Dazu ist zuerst jedem $\mathbf{p}_i$ ein Parameterwert u_i zuzuordnen. Die Verwendung der Länge des Polygons von $\mathbf{p}_0$ bis $\mathbf{p}_i$ als Parameterwert u_i führt dabei zu guten Ergebnissen.

Die Bézier-Punkte $\mathbf{b}_{3i}$ ($i = 0, ..., m$), die auf den Segmentgrenzen liegen, sind identisch mit den Vorgabepunkten $\mathbf{p}_i$. Da kubische Segmente verwendet werden, sind nun noch zwei Bézier-Punkte $\mathbf{b}_{3i-1}$ und $\mathbf{b}_{3i+1}$ pro Segment zu bestimmen. Diese Punkte werden durch die Wahl der Tangentialvektoren $\mathbf{s}_i$ am Anfang, an den Segmentübergängen und am Ende der Kurve festgelegt.

Beim Verfahren von Bessel (siehe [de Boor, 1978]) werden die $\mathbf{s}_i$ folgendermaßen festgelegt:

$$\mathbf{s}_i = (1 - \alpha_i)\mathbf{c}_{i-1} + \alpha_i\mathbf{c}_i \tag{5.12}$$

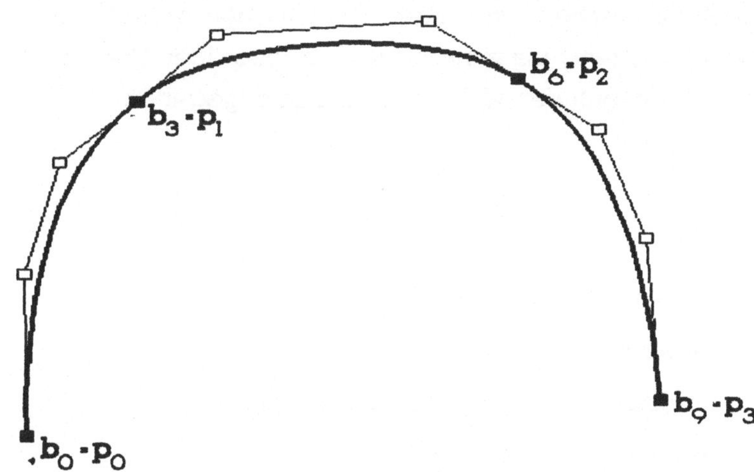

Bild 5-12
Interpolation mit kubischen Bézier-Segmenten und C^1-Übergängen

In Formel 5.12 gilt:

$$\mathbf{c}_i = \frac{\mathbf{p}_{i+1} - \mathbf{p}_i}{u_{i+1} - u_i}, \qquad \alpha_i = \frac{u_i - u_{i-1}}{u_{i+1} - u_{i-1}} \tag{5.13}$$

Als Anfangs- und Endsteigungen werden festgelegt:

$$\mathbf{s}_0 = 2\mathbf{c}_0 - \mathbf{s}_1, \quad \mathbf{s}_m = 2\mathbf{c}_{m-1} - \mathbf{s}_{m-1} \tag{5.14}$$

Ein so bestimmtes $\mathbf{s}_i$ entspricht der Steigung der durch die Punkte $\mathbf{p}_{i-1}$, $\mathbf{p}_i$ und $\mathbf{p}_{i+1}$ festgelegten Parabel im Punkt $\mathbf{p}_i$. Für die Steigung in $\mathbf{p}_0$ wird eine Parabel durch die ersten drei, für die in $\mathbf{p}_m$ durch die letzen drei Punkte betrachtet.

Je nach Anwendung sind noch andere Methoden, die $\mathbf{s}_i$ zu bestimmen, sinnvoll. Einige Verfahren dazu sind in [Boehm/ Farin/ Kahmann, 1984] beschrieben.

Zur Realisierung der hier beschriebenen Interpolationsmethode wurden vier Funktionen implementiert. Der Funktion <choose_chord> (Quelltext 5-11) wird eine Punktfolge <p> als Eingabe übergeben. Jedem dieser Punkte wird als Parameterwert, wie oben beschrieben wurde, die Länge des Polygons vom Anfang bis zum Punkt <i> zugeordnet. Die Werte werden im Feld <u> an das aufrufende Programm zurückgegeben.

Quelltext 5-11

```
/*--------------------------------------------------------------*/
/*
     festlegen der parameterwerte einer punktefolge

     eingabe  : p    punktfolge

     ausgabe  : u    parameterwerte der punkte

     rueckgabe :     fehlercode
*/

int choose_chord ( p, u )
MATRIX    *p, *u;
{
  int    i, j, error;
  double  diff;

  error = 0;

  if ( p->s == u->s )
  {
     *elem ( u, 0, 0 ) = 0.0;
     for ( i=1; i<u->s; i++ )
     {
     /* berechnen des eukl. abstandes von p(i) und p(i-1) */
       for ( diff = 0.0, j=0; j<p->z; j++ )
         diff += sqr ( *elem ( p, j, i ) - *elem ( p, j, i-1 ) );

     /* u(i) = || p(i) - p(i-1) || + u(i-1) */
       *elem ( u, 0, i ) = sqrt ( diff ) + *elem ( u, 0, i-1 );
     }
  }
  else
     error = KOMP_ERR;

  return ( error );
}
```

Das Festlegen der Tangentialvektoren an den Segmentgrenzen wurde durch die Funktion <slope> (Quelltext 5-12) realisiert. Sie bestimmt zu jedem Wert der Eingabevariablen <index> den zugehörigen Tangentialvektor nach der Methode von Bessel. Dabei ist zu beachten, daß die Bestimmung der Randsteigungen in den Zeilen 34 bis 53 und 56 bis 75 rekursiv implementiert wurde, um die Formeln 5.14 direkt umsetzen zu können.

Quelltext 5-12

```
0  /*--------------------------------------------------------------*/
1  /*
2     festlegen der tangentialvektoren einer kurve anhand
3     der vorgabepunkte nach bessel;
4
5     ACHTUNG :   bei der bestimmung der randtangenten ruft die
6                 funktion sich selbst auf.
7
8     eingaben :  points    punktfolge
9                 chords    parameterwerte der punkte in <points>
10                index     index des punktes an dem der tangential-
11                          vektor bestimmt werden soll
12
13    ausgabe :   tangent   tangentialvektor
14
15    rueckgabe : fehlercode
16              KOMP_ERR => felder <points>, <chords> und
17                          <tangent> sind nicht vertraeglich
18 */
19
20 int slope ( points, chords, index, tangent )
21 MATRIX   *points, *chords, *tangent;
22 int       index;
23 {
24   register int   k, error;
25   double         c, dp, du, alpha;
26   MATRIX         d_tang;
27
28   error = 0;
29   decl_mat ( &d_tang, points->z, 1 );
30
31   if ( points->z == tangent->z && points->s == chords->s )
32   {
33   /*  <index> bezeichnet anfangstangente  */
34     if ( index == 0 )
35     {
36     /*  tangente am zweiten punkt bestimmen  */
37       error = slope ( points, chords, 1, &d_tang );
38       if ( error )
39       {
40         do_error ( "SLOPE", "SLOPE", error );
41         goto error_out;
```

```
        }

      /*  anfangstangente nach bessel bestimmen  */
        for ( k = 0; k < points->z; k++ )
        {
          dp = *elem ( points, k, 1 ) - *elem ( points, k, 0 );
          du = *elem ( chords, 0, 1 ) - *elem ( chords, 0, 0 );
          c = dp / du;

          *elem ( tangent, k, 0 ) = 2*c - *elem ( &d_tang, k, 0 );
        }
      }

    /*  <index> bezeichnet endtangente  */
      if ( index == points->s-1 )
      {
      /*  tangente am vorletzten punkt bestimmen  */
        error = slope ( points, chords, index-1, &d_tang );
        if ( error )
        {
          do_error ( "SLOPE", "SLOPE", error );
          goto error_out;
        }

      /*  endtangente nach bessel bestimmen  */
        for ( k = 0; k < points->z; k++ )
        {
          dp = *elem ( points, k, index ) - *elem ( points, k, index-1 );
          du = *elem ( chords, 0, index ) - *elem ( chords, 0, index-1 );
          c = dp / du;

          *elem ( tangent, k, 0 ) = 2*c - *elem ( &d_tang, k, 0 );
        }
      }

    /*  innere tangenten  */
      if ( index > 0 && index < points->s-1 )
      {
      /*  umsetzung der formel von bessel  */
        for ( k = 0; k < points->z; k++ )
        {
          alpha = *elem ( chords, 0, index ) - *elem ( chords, 0, index-1 );
          alpha /= *elem ( chords, 0, index+1 ) - *elem ( chords, 0, index-1 );

          dp = *elem ( points, k, index ) - *elem ( points, k, index-1 );
          du = *elem ( chords, 0, index ) - *elem ( chords, 0, index-1 );
          c = dp / du;

          *elem ( tangent, k, 0 ) = ( 1 - alpha )*c;

          dp = *elem ( points, k, index+1 ) - *elem ( points, k, index );
          du = *elem ( chords, 0, index+1 ) - *elem ( chords, 0, index );
```

```
          c = dp / du;

          *elem ( tangent, k, 0 ) += alpha*c;
        }
      }
    }
    else
      error = KOMP_ERR;

error_out:
    free_mat ( &d_tang );

    return ( error );
}
```

Die Routine <create_cl> (Quelltext 5-13) konstruiert aus den Vorgabepunkten und den Segmentgrenzen die Bézier-Punkte an den Enden der Kurve. Das Eingabefeld <i_points> mit den Indizes der Vorgabepunkte, die eine Segmentgrenze markieren, ist bei einer Interpolation eigentlich nicht notwendig. Da <create_cl> jedoch auch im nächsten Abschnitt benutzt wird, wurde dieses Feld als Eingabeparameter eingeführt.

Die beiden Variablen <skalar> und <skalar2> dienen dazu, einen Tangentialvektor auf die Länge des Verbindungsvektors der beiden Bézier-Punkte an den Segmentgrenzen zu bringen. Es werden folgende Beziehungen dazu benutzt:

$$\mathbf{b}_{3i+1} - \mathbf{b}_{3i} = (u_{i+1} - u_i)\mathbf{s}_i / 3 \qquad (5.15)$$

$$\mathbf{b}_{3i+3} - \mathbf{b}_{3i+2} = (u_{i+1} - u_i)\mathbf{s}_{i+1} / 3 \qquad (5.16)$$

Wird <create_cl> zur Interpolation verwendet, muß gewährleistet sein, daß die globale Variable <pol_degree>, die bei der Belegung der Variablen <skalar> und <skalar2> auftaucht, den Wert drei beinhaltet. Andernfalls sind die Ergebnisse unbrauchbar.

Quelltext 5-13

```
/*-------------------------------------------------------------*/
/*
    konstruieren der bezier-punkte an den segment-
    grenzen, derart, dass sich Cl-uebergaenge ergeben.

    eingabe :      punkte     feld der zu approximierenden punkte
```

```
                    i_points     indizes der punkte an den segmentgrenzen
                    bord         segmentgrenzen

   ausgabe :        bez          feld der bezier-punkte ( nur die punkte an
                                 den segmentgrenzen sind gueltig )

   rueckgabe :      fehlercode
*/

int create_cl ( points, chords, i_points, bord, bez )
MATRIX    *points, *chords, *bord, *bez;
int       i_points[];
{
  int               s, k, anz_seg, koord, error, index;
  double            p0, p_diff, skalar, skalar2;
  MATRIX            tang;

  error = 0;
  anz_seg = ( bez->s - 1 ) / pol_degree;
  koord = points->z;

  decl_mat ( &tang, koord, 1 );

/*  die ersten beiden bezier-punkte bestimmen   */
  error = slope ( points, chords, 0, &tang );
  if ( error )
  {
    do_error ( "CREATE_Cl", "SLOPE", error );
    goto error_out;
  }

  skalar = *elem ( bord, 0, 1 ) - *elem ( bord, 0, 0 );
  skalar /= (double) pol_degree;

  for ( k = 0; k < koord; k++ )
  {
    p0 = *elem ( points, k, 0 );
    *elem ( bez, k, 0 ) = p0;
    *elem ( bez, k, 1 ) = p0 + *elem ( &tang, k, 0 )*skalar;
  }

/*  letzten und vorletzten bezier-punkt bestimmen   */
  error = slope ( points, chords, points->s-1, &tang );
  if ( error )
  {
    do_error ( "CREATE_Cl", "SLOPE", error );
    goto error_out;
  }

  skalar = *elem ( bord, 0, bord->s-1 ) - *elem ( bord, 0, bord->s-2 );
  skalar /= (double) pol_degree;

```

```
    for ( k = 0; k < koord; k++ )
    {
      p0 = *elem ( points, k, points->s - 1 );
      *elem ( bez, k, bez->s-1 ) = p0;
      *elem ( bez, k, bez->s-2 ) = p0 - *elem ( &tang, k, 0 )*skalar;
    }

  /*  schleife ueber alle inneren segmente  */
    for ( s = 1; s < anz_seg; s++ )
    {
    /*  festlegen der tangente am segmentuebergang  */
      error = slope ( points, chords, i_points[s], &tang );
      if ( error )
      {
        do_error ( "CREATA_C1", "SLOPE", error );
        goto error_out;
      }

    /*  bestimmen der bezier-punkte am uebergang  */
      index = pol_degree * s;
      skalar = *elem ( bord, 0, s ) - *elem ( bord, 0, s-1 );
      skalar /= (double) pol_degree;
      skalar2 = *elem ( bord, 0, s+1 ) - *elem ( bord, 0, s );
      skalar2 /= (double) pol_degree;

      for ( k = 0; k < koord; k++ )
      {
        *elem ( bez, k, index ) = *elem ( points, k, i_points[s] );

        p_diff = *elem ( &tang, k, 0 ) * skalar;
        *elem ( bez, k, index-1 ) = *elem ( bez, k, index ) - p_diff;

        p_diff = *elem ( &tang, k, 0 ) * skalar2;
        *elem ( bez, k, index+1 ) = *elem ( bez, k, index ) + p_diff;
      }
    }

  error_out:
    free_mat ( &tang );
    return ( error );
  }
```

Die letzte für die Interpolation nötige Routine ist <bezier_inter> (Quelltext 5-14). Ihr wird als Eingabe das Feld der Vorgabepunkte übergeben. Ausgaben sind die Felder mit den Segmentgrenzen und den Bézier-Punkten.

Die bei der Deklaration des Feldes <i_points> auftauchende Konstante <MAX_POINTS> bezeichnet die maximal zulässige Anzahl von Vorgabepunkten. Sie muß geeignet definiert werden.

Die Schleife in den Zeilen 231 und 232 legt fest, daß alle Vorgabepunkte als Segmentgrenze benutzt werden sollen.

Durch den Aufruf von <choose_chord> in Zeile 235 werden diesen Punkten Parameterwerte zugeordnet.

Schließlich werden die Bézier-Punkte durch den Aufruf der Routine <create_cl> in Zeile 243 berechnet.

Quelltext 5-14

```
209 /*------------------------------------------------------------------*/
210 /*
211     interpolation einer punktfolge durch eine segmentierte
212     bezier-kurve;
213     das benutzte verfahren ist nur im kubischen fall sinnvoll.
214
215     eingabe :      points      feld der vorgabepunkte
216
217     ausgabe :      pol         kontrollpolygon
218                    bord        segmentgrenzen
219
220      rueckgabe:  fehlercode
221 */
222
223 int bezier_inter ( points, pol, seg_bord )
224 MATRIX    *points, *pol, *seg_bord;
225 {
226    int    i_points[MAX_POINTS], i, error;
227
228    error = 0;
229
230 /*  indizes der punkte an den segmentgrenzen belegen   */
231    for ( i = 0; i < points->s; i++ )
232      i_points[i] = i;
233
234 /*  parameterwerte der vorgabepunkte festlegen  */
235    error = choose_chord ( points, seg_bord );
236    if ( error )
237    {
238      do_error ( "BEZIER_INTER", "CHOOSE_CHORD", error );
239      goto error_out;
240    }
241
242 /*  bezier-punkte der segmente mit cl-uebergang konstruieren  */
243    error = create_cl ( points, seg_bord, i_points, seg_bord, pol );
244    if ( error )
245      do_error ( "BEZIER_INTER", "CREATE_Cl", error );
246
```

```
error_out:
  return ( error );
}
```

5. 5 Approximation mit Bézier-Technik

Bei der Approximation mit Bézier-Kurven sind nach der Festlegung der Parameterwerte $\hat{u}_i$ für die Vorgabepunkte $\mathbf{p}_i$ zuerst die Anzahl und Grenzen der Segmente geeignet festzulegen. Es ist z. B. möglich, einige der Vorgabepunkte als die Bézier-Punkte an den Segmentgrenzen zu betrachten. Damit hat man die gesamte vorgegebene Punktfolge in mehrere Teilfolgen zerlegt, die durch einzelne Bézier-Segmente zu approximieren sind. In Abhängigkeit vom verwendeten Polynomgrad und den geforderten Differenzierbarkeitsbedingungen an den Übergängen ist dann weiterzuverfahren.

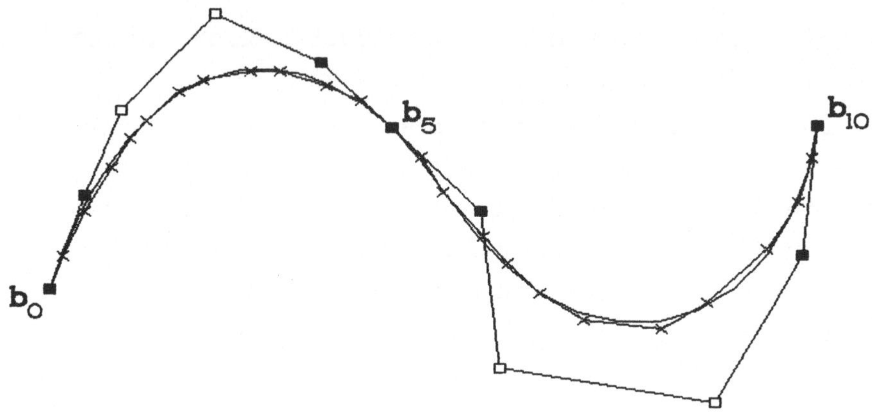

Bild 5-13

Approximation einer Punktfolge (durch Kreuze markiert) durch zwei quintische Bézier-Segmente

Werden Polynomgrade geringer als vier verwendet, sind nur C^0-Übergänge an den Segmentgrenzen sinnvoll, da die Kurven für höhere Anforderungen zu steif sind. Das bedeutet, daß nur gewährleistet sein muß, daß die Anfangs- und Endpunkte der Kontrollpolygone aufeinanderfolgender Segmente identisch sein müssen, was bereits durch die Wahl der Segmentgrenzen gegeben ist.

Durch die C^0-Forderung sind somit der erste und der letzte Punkt des Kontrollpolygons jedes Segmentes festgelegt. Um die restlichen Bézier-Punkte zu bestimmen, wird für jeden Vorgabepunkt eines Segmentes eine Gleichung aufgestellt, die sich aus der Forderung ergibt, daß der Vorgabepunkt auf dem Kurvensegment liegen sollte:

$$\mathbf{b}(\hat{u}_i) = \sum_{k=0}^{n} B_k^n(t)\mathbf{b}_k = \mathbf{p}_i \qquad (5.17)$$

Die Punkte $\mathbf{b}_0$ und $\mathbf{b}_n$ sind bereits festgelegt, so daß sie auf die rechte Seite der Gleichung 5.17 gebracht werden können:

$$\sum_{k=1}^{n-1} B_k^n(t)\mathbf{b}_k = \mathbf{p}_i - B_0^n(t)\mathbf{b}_0 - B_n^n(t)\mathbf{b}_n \qquad (5.18)$$

In den Gleichungen 5.17 und 5.18 ist zu berücksichtigen, daß die Variable t der auf das Intervall [0,1] transformierte Wert $\hat{u}_i$ ist.

Sind die Segmentgrenzen derart gewählt worden, daß jede Teilfolge mehr als n+1 Punkte enthält, so erhält man für jede Koordinate ein überbestimmtes lineares Gleichungssystem für die noch zu bestimmenden Bézier-Punkte. Löst man dieses Gleichungssystem für jedes Segment, so bekommt man die Bézier-Darstellung der Kurve, die die Folge der Vorgabepunkte approximiert.

Quelltext 5-15

```
/*------------------------------------------------------------------*/
/*
    festlegen der segmentgrenzen zur approximation einer
    punktfolge durch eine segmentierte bezier-kurve,

    eingabe :     points     vorgabepunkt
                  chords     parameterwerte der punkte in <points>
```

```
                      anz_seg    anzahl der festzulegenden segmente

    ausgabe :         i_points   indizes der punkte an den segmentgrenzen
                      seg_bord   segmentgrenzen

    rueckgabe:  fehlercode
*/

int choose_segs ( points, chords, anz_seg, i_points, seg_bord )
MATRIX    *points, *chords, *seg_bord;
int       *i_points, anz_seg;
{
  register int      i, anz_bord, anz_pun, error;

  error = 0;
  anz_bord = anz_seg + 1;

/*  festlegen der mindestanzahl von vorgabepunkten pro segment  */
  anz_pun = points->s / anz_seg;

  if ( pol_degree == 1 )
  /*  im linearen fall sind alle punkte segmentgrenzen  */
    for ( i = 0; i < anz_bord; i++ )
      i_points(i) = i;
  else
  {
  /*  indizes festlegen  */
    for ( i = 0; i < anz_bord; i++ )
      i_points(i) = i * anz_pun;
    i_points ( anz_seg ) = points->s - 1;
  }

/*  parameterwerte der punkte an den uebergaengen als
    segmentgrenzen uebernehmen  */
  for ( i =  0; i < anz_bord; i++ )
    *elem ( seg_bord, 0, i ) = *elem ( chords, 0, i_points(i) );

  return ( error );
}
```

Quelltext 5-15 beschreibt eine Funktion <choose_segs>, mit der einige Vorgabepunkte als Segmentgrenzen ausgewählt werden. Eingabeparameter sind dabei die Vorgabepunkte, die Anzahl der Segmente, die festgelegt werden sollen, und das Feld mit den Parameterwerten der Vorgabepunkte.

Als Ausgabe wird ein Feld geliefert, das die Indizes der Punkte an den Grenzen enthält und ein Feld mit den Parameterwerten dieser Punkte.

Durch die Eingabevariable <anz_seg> wird gesteuert, wieviele Punkte jeder der Teilfolgen mindestens zugeordnet werden.

Die Funktion <teilverh> (Quelltext 5-16) führt die Transformation eines Parameterwertes $\hat{u}_i$ auf das Intervall [0,1] durch. Der Rückgabewert ist das Teilverhältnis der Eingabevariablen <a>, <x> und <b>.

Quelltext 5-16

```
/*-----------------------------------------------------------------*/
/*
   berechnen des teilverhaeltnisses von a, x und b

   eingaben :    a, b       intervallgrenzen
                 x          wert aus (a,b)

   rueckgabe :   teilverhaeltnis von a, x und b
*/

double teilverh ( a, b, x )
double    a, b, x;
{
  return ( ( x - a ) / ( b - a ) );
}
```

Mit Quelltext 5-17 ist die Approximation eine Punktfolge durch ein Bézier-Segment implementiert worden.

Die Funktion <c0_appr_seg> stellt im wesentlichen das oben beschriebene lineare Gleichungssystem auf und löst diese durch vermittelndes Ausgleichen unter Verwendung von Householder-Transformationen.

Die beiden Eingabeparameter <ug> und <og> sind die Parameterwerte des ersten bzw. des letzten Punktes der Teilfolge. Wird <c0_appr_seg> aufgerufen, so sollten die beiden Werte z. B. durch die Funktion <choose_segs> festgelegt worden sein.

Quelltext 5-17

```
/*-----------------------------------------------------------------*/
/*
        approximation einer "kurzen" folge von punkten durch ein
        bezier-segment.
        der erste und letzte punkt der folge wird durch die bezier-
        kurve interpoliert, sodass diese beiden punkte direkt als
```

```
        anfangs- bzw. endpunkt des bezier-polygons uebernommen
        werden koennen.


     eingabe   : punkte    feld der zu appr. punkte
                 chords    zugehoerige parameterwerte
                 ug, og    untere und obere segmentgrenze

     ausgabe   : bez       bezier-polygon der kurve, die die
                           punktefolge approximiert

     rueckgabe : fehlercode
*/

int c0_appr_seg ( punkte, chords, ug, og, bez )
MATRIX    *punkte, *bez, *chords;
double    ug, og;
{
  int              error, k, i, j, zeilen, koord;
  MATRIX           lgs, lgs_trans, rechts, loes;
  double           param_lok, p0, p1;

  error = 0;
  zeilen = (punkte->s) - 2;
  koord = punkte->z;

/*  matrizen bereitstellen  */
  decl_mat ( &lgs, zeilen, pol_degree );
  decl_mat ( &lgs_trans, pol_degree - 1, pol_degree - 1 );
  decl_mat ( &rechts, pol_degree - 1, 1 );
  decl_mat ( &loes, pol_degree - 1, 1 );

/*  fehlerbehandlung  */
  if ( bez->z != punkte->z || punkte->s != chords->s )
  {
     error = KOMP_ERR;
     goto error_out;
  }

/*  aufstellen des ueberbestimmten linearen gleichungsystems fuer die
     gesuchten bezier-punkte:
     schleife ueber alle koordinaten  */
  for ( k = 0; k < koord; k++ )
  {
  /*  schleife ueber alle zeilen der koeffizientenmatrix  */
     for ( i = 0; i < zeilen; i++ )
     {
       param_lok = teilverh ( ug, og, *elem ( chords, 0, i + 1 ) );

     /*  werte der bernstein- polynome in die matrix eintragen  */
       for ( j = 0; j < pol_degree - 1; j++ )
          *elem ( &lgs, i, j ) = bernstein ( pol_degree, j + 1,
                                                     param_lok );
```

```
      /*  rechte seite des LGS bestimmen  */
        p0 = *elem ( punkte, k, 0 );
        p1 = *elem ( punkte, k, (punkte->s) - 1 );
        *elem ( &lgs, i, pol_degree - 1 ) = *elem ( punkte, k, i + 1 ) -
                                  p0 * bernstein ( pol_degree, 0, param_lok ) -
                                  p1 * bernstein ( pol_degree, pol_degree, param_lok

      } /* for i */

    /*  ueberbestimmtes LGS transformieren  */
      error = householder ( &lgs, 1 );
      if ( error )
      {
        do_error ( "CO_APPR_SEG", "HOUSEHOL", error );
        goto error_out;
      }

    /*  transformiertes LGS durch rueckwaertseinsetzen loesen  */
      error = get_slice ( &lgs, &lgs_trans, 0, 0 );
      if ( error )
      {
        do_error ( "CO_APPR_SEG", "GET_SLICE", error );
        goto error_out;
      }

      error = get_slice ( &lgs, &rechts, 0, lgs.s - 1 );
      if ( error )
      {
        do_error ( "CO_APPR_SEG", "GET_SLICE", error );
        goto error_out;
      }

      error = rueckw_lgs ( &lgs_trans, &rechts, &loes );
      if ( error )
      {
        do_error ( "CO_APPR_SEG", "RUECKW_LGS", error );
        goto error_out;
      }

    /*  berechnete bezier-punkte uebertragen  */
      for ( i = 0; i < loes.z; i++ )
        *elem ( bez, k, i + 1 ) = *elem ( &loes, i, 0 );

    /*  erster und letzter punkt sind bezier- punkte  */
      *elem ( bez, k, 0 ) = *elem ( punkte, k, 0 );
      *elem ( bez, k, bez->s-1 ) = *elem ( punkte, k, punkte->s-1 );

    } /* for k */

  error_out:
    free_mat ( &loes );
```

```
    free_mat ( &rechts );
    free_mat ( &lgs_trans );
    free_mat ( &lgs );

    return ( error );
}
```

Die Funktion <c0_appr_seg> liefert keine zufriedenstellenden Ergebnisse mehr, wenn der verwendete Polynomgrad höher als drei ist, da diese Kurven flexibel genug sind, um C^1-Übergänge zuzulassen.

Nach Festlegung der Segmentgrenzen können solche Übergänge z. B. durch die im vorhergehenden Abschnitt beschriebene Funktion <create_c1> konstruiert werden. Damit sind die ersten und letzten beiden Punkte der Kontrollpolygone jedes Segmentes festgelegt, so daß eine Funktion analog zu <c0_appr_seg> nötig ist, um die fehlenden Bézier-Punkte zu berechnen.

Die Gleichungen, die für diese Punkte aufzustellen sind, leitet man wieder aus 5.17 her, nur daß jetzt die Punkte $\mathbf{b}_0$, $\mathbf{b}_1$, $\mathbf{b}_{n-1}$ und $\mathbf{b}_n$ auf die rechte Seite zu bringen sind:

$$\sum_{k=2}^{n-2} B_k^n(t)\mathbf{b}_k = \mathbf{p}_i - B_0^n(t)\mathbf{b}_0 - B_1^n(t)\mathbf{b}_1 - B_{n-1}^n(t)\mathbf{b}_{n-1} - B_n^n(t)\mathbf{b}_n$$

Ansonsten wird genau so verfahren wie bei der Approximation mit C^0-Übergängen.

Quelltext 5-18 zeigt die Funktion <c1_appr_seg>. Sie ist mit der Funktion <c0_appr_seg> identisch, bis auf die Zeilen, die das Aufstellen des linearen Gleichungssystems durchführen.

Quelltext 5-18

```
/*-----------------------------------------------------------*/
/*
        approximation einer "kurzen" folge von punkten durch ein
        bezier-segment.
        es wird davon ausgegangen, dass die ersten und letzten
        beiden bezier-punkte bereits so bestimmt worden sind, dass
        eine aus diesen segmenten zusammengesetzte kurve an den
        segmentgrenzen C1-uebergaenge besitzt.

```

```
     eingabe  : punkte    feld der zu appr. punkte
                chords    zugehoerige parameterwerte
                ug, og    untere und obere segmentgrenze
                bez       bezier-polygon, die ersten und letzten
                          beiden punkte sind gueltig

    ausgabe :   bez       bezier-polygon der kurve, die die punktefolge
                          approximiert

    rueckgabe :  fehlercode
*/

int cl_appr_seg ( punkte, chords, ug, og, bez )
MATRIX    *punkte, *bez, *chords;
double    ug, og;
{
  int           error = 0, k, i, j, zeilen, koord;
  MATRIX        lgs, koeff, rechts, loes;
  double        param_lok, b0, b1, bn_1, bn;

/*  matrizen bereitstellen  */
  zeilen = (punkte->s) - 4;
  koord = punkte->z;
  decl_mat ( &lgs, zeilen, pol_degree - 2 );
  decl_mat ( &koeff, pol_degree - 3, pol_degree - 3 );
  decl_mat ( &rechts, pol_degree - 3, 1 );
  decl_mat ( &loes, pol_degree - 3, 1 );

/*  fehlerbehandlung  */
  if ( bez->z != punkte->z || punkte->s != chords->s )
  {
    error = KOMP_ERR;
    goto error_out;
  }

/*  aufstellen des linearen gleichungsystems fuer die
    gesuchten bezier-punkte:
    schleife ueber alle koordinaten  */
  for ( k = 0; k < koord; k++ )
  {
  /*  schleife ueber alle zeilen der koeffizientenmatrix  */
    for ( i = 0; i < zeilen; i++ )
    {
      param_lok = teilverh ( ug, og, *elem ( chords, 0, i + 2 ) );

    /*  werte der bernstein- polynome in die matrix eintragen  */
      for ( j = 0; j < pol_degree - 3; j++ )
        *elem ( &lgs, i, j ) = bernstein ( pol_degree, j + 2,
                                                       param_lok );

    /*  rechte seite des LGS aufstellen  */
      b0   = *elem ( bez, k, 0 );
```

```
        bl   = *elem ( bez, k, 1 );
        bn_1 = *elem ( bez, k, (bez->s) - 2 );
        bn   = *elem ( bez, k, (bez->s) - 1 );
        *elem ( &lgs, i, pol_degree - 3 ) =
                    *elem ( punkte, k, i + 2 ) -
                    b0 * bernstein ( pol_degree, 0, param_lok ) -
                    bl * bernstein ( pol_degree, 1, param_lok ) -
                    bn_1 * bernstein ( pol_degree, pol_degree-1, param_lok ) -
                    bn * bernstein ( pol_degree, pol_degree, param_lok );
      } /* for i */

    /*  LGS transformieren  */
      error = householder ( &lgs, 1 );
      if ( error )
      {
        do_error ( "C1_APPR_SEG", "HOUSEHOL", error );
        goto error_out;
      }

    /*  transformiertes LGS durch rueckwaertseinsetzen loesen  */
      error = get_slice ( &lgs, &koeff, 0, 0 );
      if ( error )
      {
        do_error ( "C1_APPR_SEG", "GET_SLICE", error );
        goto error_out;
      }

      error = get_slice ( &lgs, &rechts, 0, lgs.s - 1 );
      if ( error )
      {
        do_error ( "C1_APPR_SEG", "GET_SLICE", error );
        goto error_out;
      }

      error = rueckw_lgs ( &koeff, &rechts, &loes );
      if ( error )
      {
        do_error ( "C1_APPR_SEG", "RUECKW_LGS", error );
        goto error_out;
      }

    /*  bezier-punkte uebertragen  */
      for ( i = 0; i < loes.z; i++ )
        *elem ( bez, k, i + 2 ) = *elem ( &loes, i, 0 );

    } /* for k */

error_out:
  free_mat ( &loes );
  free_mat ( &rechts );
  free_mat ( &koeff );
  free_mat ( &lgs );

```

```
    return ( error );
}
```

Als letzte Funktion dieses Kapitels beschreibt Quelltext 5-19 das Unterprogramm ‹bezier_appr›, das alle bisher beschriebenen Operationen durchführt und damit eine aus Bezier-Segmenten zusammengesetzte Kurve erzeugt, die eine Folge von Punkten approximiert. Dabei wird in Abhängigkeit von der globalen Steuervariablen ‹pol_degree› die geeignete Übergangsbedingung ausgewählt.

Da die Teilschritte bereits alle erläutert worden sind, soll hier nicht mehr weiter auf diesen Quelltext eingegangen werden.

Quelltext 5-19

```
/*-----------------------------------------------------------------*/
/*
    approximation einer punktfolge durch eine
    segmentierte bezier-kurve

    eingabe :     points     feld der vorgabepunkte

    ausgabe :     pol        kontrollpolygon
                  bord       segmentgrenzen

    rueckgabe:    fehlercode
*/

int bezier_appr ( points, pol, seg_bord )
MATRIX    *points, *pol, *seg_bord;
{
  register int     i;
  int              anz_seg, order, error,
                   grenze[MAX_POINTS];
  MATRIX           chords, b, ch, pun;
  double           ug, og;

  error = 0;
  order = pol_degree + 1;
  anz_seg = ( pol->s - 1 ) / pol_degree;

/* lokale datenfelder allokieren */
  decl_mat ( &chords, 1, points->s );

/* parameterwerte der vorgabepunkte festlegen */
  error = choose_chord ( points, &chords );
```

```
  if ( error )
  {
    do_error ( "BEZIER_APPR", "CHOOSE_CHORD", error );
    goto error_out;
  }

/*  segmentierung festlegen  */
  error = choose_segs ( points, &chords, anz_seg, grenze, seg_bord );
  if ( error )
  {
    do_error ( "BEZIER_APPR", "CHOOSE_SEGS", error );
    goto error_out;
  }

/*  ggf. c1-uebergaenge konstruieren  */
  if ( pol_degree > 3 )
  {
    error = create_c1 ( points, &chords, grenze, seg_bord, pol );
    if ( error )
    {
      do_error ( "BEZIER_APPR", "CREATE_C1", error );
      free_mat ( &b );
      free_mat ( &ch );
      free_mat ( &pun );
      goto error_out;
    }
  }

/*  punktfolge durch bezier-segmente approximieren:
    schleife ueber alle segmente  */
  for ( i= 0; i < anz_seg; i++ )
  {
    ug = *elem ( seg_bord, 0, i );
    og = *elem ( seg_bord, 0, i+1 );

  /*  datenhilfsfelder allokieren  */
    decl_mat ( &pun, 2, grenze[i+1] - grenze[i] + 1 );
    decl_mat ( &ch, 1,  grenze[i+1] - grenze[i] + 1 );
    decl_mat ( &b, 2, order );

  /*  hilfsfelder belegen  */
    error = get_slice ( points, &pun, 0, grenze[i] );
    if ( error )
    {
      do_error ( "BEZIER_APPR", "GET_SLICE", error );
      free_mat ( &b );
      free_mat ( &ch );
      free_mat ( &pun );
      goto error_out;
    }

    error = get_slice ( &chords, &ch, 0, grenze[i] );
    if ( error )
```

```
    {
      do_error ( "BEZIER_APPR", "GET_SLICE", error );
      free_mat ( &b );
      free_mat ( &ch );
      free_mat ( &pun );
      goto error_out;
    }

  /*  approximation eines segmentes in abhaengigkeit vom polynomgrad  */
    switch ( pol_degree )
    {
    /*  grad = 1  ==>  die zu approximierenden punkte koennen als
                       bezier-punkte interpretiert werden  */
      case 1:  error = put_slice ( &pun, &b, 0, 0 );
               if ( error )
               {
                 do_error ( "BEZIER_APPR", "PUT_SLICE", error );
                 free_mat ( &b );
                 free_mat ( &ch );
                 free_mat ( &pun );
                 goto error_out;
               }
               break;

    /*  grad = 2,3  ==>  approximation mit C0-uebergaengen  */
      case 2: ;
      case 3:  error = c0_appr_seg ( &pun, &ch, ug, og, &b );
               if ( error )
               {
                 do_error ( "BEZIER_APPR", "C0_APPR_SEG", error );
                 free_mat ( &b );
                 free_mat ( &ch );
                 free_mat ( &pun );
                 goto error_out;
               }
               break;

    /*  grad > 3  ==>  approximation mit C1-uebergaengen:
                       bereits bestimmte bezier-punkte umspeichern... */
      default :  error = get_slice ( pol, &b, 0, i * pol_degree );
                 if ( error )
                 {
                   do_error ( "BEZIER_APPR", "GET_SLICE", error );
                   free_mat ( &b );
                   free_mat ( &ch );
                   free_mat ( &pun );
                   goto error_out;
                 }
               /*  ...und die restlichen durch approximation
                   bestimmen  */
                 error = c1_appr_seg ( &pun, &ch, ug, og, &b );
                 if ( error )
```

```
                  {
                     do_error ( "BEZIER_APPR", "C1_APPR_SEG", error );
                     free_mat ( &b );
                     free_mat ( &ch );
                     free_mat ( &pun );
                     goto error_out;
                  }
        }

     /*  bezier-punkte umspeichern   */
        error = put_slice ( &b, pol, 0, i * pol_degree );
        if ( error )
        {
           do_error ( "BEZIER_APPR", "PUT_SLICE", error );
           goto error_out;
        }

     /*  hilfsfelder wieder freigeben   */
        free_mat ( &b );
        free_mat ( &ch );
        free_mat ( &pun );

     } /* for i */

 error_out:
   free_mat ( &chords );

   return ( error );
}
```

5. 6 Interpolation/Approximation mit B-Spline-Technik

Da die B-Spline-Technik, wie schon weiter oben erwähnt wurde, eine Verallgemeinerung der Bézier-Technik ist, stellt sich die Erzeugung von Kurven hiermit wesentlich geschlossener dar. Bei den in diesem Abschnitt verwendeten Methoden wird auch klar ersichtlich, daß die Interpolation ein Spezialfall der Approximation ist.

Gibt man die Anzahl r der de Boor-Punkte $\mathbf{d}_k$ und einen Knotenvektor $\mathbf{u}$ vor, so führt das auf einen Ansatz analog zu Gleichung 5.17:

$$\mathbf{s}(\hat{u}_i) = \sum_{k=0}^{r-1} N_k^n(\hat{u}_i)\mathbf{d}_k = \mathbf{p}_i, \quad i = 0, ...,m \tag{5.19}$$

Auf diese Weise erhält man aus Gleichung 5.19 für jede Koordinate der de Boor-Punkte $\mathbf{d}_k$ ein Gleichungssystem, das jeweils die gleiche Koeffizientenmatrix hat, wobei aber die rechten Seiten im allgemeinen unterschiedlich sind. Die Koeffizientenmatrix dieser Systeme hat $m+1$ Zeilen (für jeden vorgegeben Punkt $\mathbf{p}_i$ eine) und r Spalten (für jeden zu bestimmenden de Boor-Punkt eine). Sie enthält in Element i,k den Wert des B-Splines $N_k^n(u)$ an der Stelle $\hat{u}_i$.

Ist $m+1 = r$, so ist die Koeffizientenmatrix quadratisch und jedes der Gleichungssysteme eindeutig lösbar falls $\hat{u}_i \in [u_i, u_{i+k})$ (siehe [de Boor, 1978], S. 200). Eine eindeutige Lösung bedeutet aber, daß die sich aus den de Boor-Punkten $\mathbf{d}_k$ und dem Knotenvektor $\mathbf{u}$ ergebende Kurve die Punkte $\mathbf{p}_i$ interpoliert.

Ist $m+1 > r$, so ist jedes der Gleichungssysteme überbestimmt. Werden sie z. B. durch vermittelndes Ausgleichen gelöst, so approximiert die erzeugte Kurve die Vorgabepunkte.

Quelltext 5-20

```
/*-------------------------------------------------------------*/
/*
  belegen des knotenvektors

  eingabe :  c          parameterwerte
             uniform    flagge   ( ungleich 0 -> ersten und letzten
                                   knoten gradfach eintragen )

  ausgabe :  k          knotenvektor

  rueckgabe :           fehlercode
*/

int choose_knot ( c, k, uniform )
MATRIX   *c, *k;
int      uniform;
{
  register int     error, i, ord;
  double           upper, lower, step;

  error = 0;
  ord = pol_degree + 1;

/*  abfrage auf dummy-deklaration von <c>   */
  if ( c->s > 2 )
  {
```

```
      lower = *elem ( c, 0, 0 );
      upper = *elem ( c, 0, c->s-1 );
    }
    else
    {
      lower = 0.0;
      upper = (double) ( k->s - 2*ord + 1 );
    }
    step = ( upper - lower ) / (k->s - ord - pol_degree);

    for ( i = pol_degree; i < k->s - pol_degree; i++ )
      *elem ( k, 0, i ) = lower + ( i - pol_degree ) * step;

/*   in abhaengigkeit von der flagge randknoten
     ordnung-fach eintragen   */
   if ( uniform )
     for ( i = 1; i < ord; i++ )
     {
       *elem ( k, 0, pol_degree - i ) = lower - i*step;
       *elem ( k, 0, k->s - ord + i ) = upper + i*step;
     }
   else
     for ( i = 1; i < ord; i++ )
     {
       *elem ( k, 0, pol_degree - i ) = lower;
       *elem ( k, 0, k->s - ord + i ) = upper;
     }

   return ( error );
}
```

Zur Erzeugung einer B-Spline-Kurve muß ein Knotenvektor **u** vorgegeben werden, wie bereits erwähnt wurde. Die Funktion <choose_knot> in Quelltext 5-20 übernimmt diese Aufgabe. Sie erhält als Eingabe eine Flagge <uniform> und ein Feld <c> mit Parameterwerten.

Die Flagge steuert, welche Art von Knotenvektor erzeugt werden soll. Ist <uniform> ungleich null, so werden alle Knoten einfach in gleichem Abstand voneinander eingetragen. Andernfalls werden die Randknoten n-fach eingetragen (siehe Abschnitt 5.2, Bild 5-6).

Das Eingabefeld <c> wird benutzt, um den Parameterbereich, der durch die Knoten beschrieben werden soll, festzulegen. Wird mit <c> ein Feld mit nur einer Spalte übergeben, so werden die ganzen Zahlen von null aufwärts als Knoten eingetragen.

Die Anzahl der Knoten ist durch die Größe des Feldes ‹k› festgelegt.

Quelltext 5-21

```
/*---------------------------------------------------------------*/
/*
   approximation einer punktfolge durch eine bspline-kurve

   eingabe :      p         punktfolge
                  uniform   flagge fuer aequidistante knoten

   ausgabe :      deb       kontrollpolygon
                  knot      knotenvektor

   rueckgabe :  fehlercode
*/

int bspl_appr ( p, uniform, deb, knot )
MATRIX *p, *deb, *knot;
int     uniform;
{
  int       error, k, lu, ord;
  MATRIX  n, r, pt, debt, b, chord, bsplines;
  double  t;

  error = 0;
  ord = pol_degree + 1;
  decl_mat ( &n, p->s, deb->s + p->z );
  decl_mat ( &bsplines, 1, ord );
  decl_mat ( &r, deb->s, deb->s );
  decl_mat ( &pt, p->s, p->z );
  decl_mat ( &debt, deb->s, deb->z );
  decl_mat ( &b, debt.z, debt.s );
  decl_mat ( &chord, 1, p->s );

/* parameterwerte der eingabepunkte festlegen */
  error = choose_chord ( p, &chord );
  if ( error )
  {
    do_error ( "BSPL_APPR", "CHOOSE_CHORD", error );
    goto error_out;
  }

 /*  knotenvektor bestimmen  */
  error = choose_knot ( &chord, knot, uniform );
  if ( error )
  {
    do_error ( "BSPL_APPR", "CHOOSE_KNOT", error );
    goto error_out;
  }

/*  matrix N mit werten der bslines belegen;
    schleife ueber alle zeilen  */
  for ( lu = pol_degree, k = 0; k < n.z; k++ )
```

```
    {
      t = *elem ( &chord, 0, k );

    /*  knotenintervall von <t> bestimmen  */
      error = intest ( t, knot, lu, knot->s-ord, &lu );
      if ( error )
      {
        do_error ( "BSPL_APPR", "INTEST", error );
        goto error_out;
      }

    /*  werte aller bsplines an der stelle <t> bestimmen  */
      error = mansfield ( &bsplines, lu, t, knot );
      if ( error )
      {
        do_error ( "BSPL_APPR", "MANSFIELD", error );
        goto error_out;
      }

    /*  werte in arbeitsmatrix <n> uebertragen  */
      error = put_slice ( &bsplines, &n, k, lu-pol_degree );
      if ( error )
      {
        do_error ( "BSPL_APPR", "PUT_SLICE", error );
        goto error_out;
      }
    }

/* punktfolge von spaltenvektor nach zeilenvektor transponieren */
    error = transp_mat ( p, &pt );
    if ( error )
    {
      do_error ( "BSPL_APPR", "TRANSP_MAT", error );
      goto error_out;
    }

/* matrix N mit den punkten der punktfolge raendern */
    error = put_slice ( &pt, &n, 0, deb->s );
    if ( error )
    {
      do_error ( "BSPL_APPR", "PUT_SLICE", error );
      goto error_out;
    }

/* householder - transformation durchfuehren */
    error = householder ( &n, pt.s );
    if ( error )
    {
      do_error ( "BSPL_APPR", "HOUSEHOLDER", error );
      goto error_out;
    }

```

```
/* rechte obere dreiecksmatrix aus n nehmen */
  error = get_slice ( &n, &r, 0, 0 );
  if ( error )
  {
    do_error ( "BSPL_APPR", "GET_SLICE", error );
    goto error_out;
  }

/*  rechte seiten aus n nach b uebertragen  */
  error = get_slice ( &n, &b, 0, deb->s );
  if ( error )
  {
    do_error ( "BSPL_APPR", "GET_SLICE", error );
    goto error_out;
  }

/*  Rx = b durch rueckwaertseinsetzen loesen  ( x = debt )  */
  error = rueckw_lgs ( &r, &b, &debt );
  if ( error )
  {
    do_error ( "BSPL_APPR", "RUECKW_LGS", error );
    goto error_out;
  }

/*  deboor-punkte von zeilenvektor nach spaltenvektor
    <deb> transponiern  */
  error = transp_mat ( &debt, deb );
  if ( error )
  {
    do_error ( "BSPL_APPR", "TRANSP_MAT", error );
    goto error_out;
  }

error_out:
  free_mat ( &chord );
  free_mat ( &b );
  free_mat ( &debt );
  free_mat ( &pt );
  free_mat ( &r );
  free_mat ( &bsplines );
  free_mat ( &n );

  return ( error );
}
```

Mit der Funktion <bspl_appr> (Quelltext 5-21) wurde die Interpolation bzw. Approximation einer Punktfolge implementiert.

Eingabeparameter dieses Unterprogrammes ist ein Feld <p>, das die Folge der Vorgabepunkte enthält, und eine Flagge <uniform>, die steuert, ob ein äquidistanter Knotenvektor erzeugt wird oder nicht.

Ausgabe der Routine sind die Felder mit den de Boor-Punkten <deb> und den Knoten <knot>. Durch die Größe der Felder <deb> und <knot> beim Aufruf von <bspl_appr> wird festgelegt, ob eine Interpolation oder eine Approximation durchgeführt wird.

In den Zeilen 31 bis 46 wird durch Aufruf der Funktionen <choose_chord> und <choose_knot> die Parametrisierung und der Knotenvektor festgelegt. Danach wird die Koeffizientenmatrix des linearen Gleichungssystems 5.19 mithilfe der Funktion <mansfield> aufgestellt (Zeile 47 bis 77).

Durch die Zeilen 78 bis 85 wird die rechte Seite dieses Gleichungssystems bereitgestellt. Da <p> eine Folge von Koordinatenspalten ist, muß für jede Koordinate ein Gleichungssystem gelöst werden (vgl. oben). Dies geschieht in den Zeilen 86 bis 134.

Literaturangaben

Boehm, W./ Gose, G./ Kahmann, J.:
"Methoden der numerischen Mathematik"
Vieweg 1985

Boehm, W./ Farin, G./ Kahmann, J.:
"A survey of curve and surface methods in CAGD"
Computer Aided Geometric Design 1 (1984)

Bartels, R. H./ Beatty, J. C./ Barsky, B. A.:
"An introduction to the use of splines in computer graphics"
University of Waterloo, Computer Science Department August 1983

de Boor, C:
"A practical guide to splines"
Springer 1978

Farouki, R. T./ Rajan, V. T.:
"On the numerical condition of polynomials in Bernstein form"
Computer Aided Geometric Design 4 (1987)

Hölzle, G. E.:
"Knot placement for piecewise polynomial approximation of curves"
Computer Aided Design, Vol. 15 (1983)

Hoschek, J.:
"Approximate conversion of spline curves"
Computer Aided Geometric Design 4 (1987)

Hoschek, J.:
"Intrinsic parametrization for approximation"
Computer Aided Geometric Design 5 (1988)

Kahmann, J.:
"BASIC-Programme zur Numerischen Mathematik"
Vieweg 1984

Maccallum, K. J./ Zhang, J.-M.:
"Curve-smoothing Techniques Using B-Splines"
The Computer Journal, Vol. 29 (1986)